U0320478

高聚物防渗墙土石坝抗震性能模型试验与计算分析

李嘉 张景伟 王博 著

Model Experiment and Computational Analysis of
Anti-seismic Property for Earth Dikes and
Dams with Polymer Anti-seepage Wall

化学工业出版社

·北京·

内 容 简 介

本书针对"非水反应高聚物防渗墙"这一新型防渗加固技术的动力特性及抗震性能开展研究，主要从室内试验、模型试验、数值模拟、理论分析等诸多方面入手，着重研究了高聚物防渗墙土石坝地震响应特性及其抗震性能。本书共分为7章，包括绪论、高聚物注浆材料动力特性弯曲元试验研究、基于原型材料防渗墙的土石坝动力离心试验研究、防渗墙土石坝动力离心试验结果与分析、基于三维动力有限元的高聚物防渗墙土石坝抗震性能研究、地震作用下高聚物防渗墙多目标函数优化设计、结论与展望。

本书取材新颖、内容丰富，可供水利水电工程设计、施工、运行人员阅读，也可供相关高等院校师生参考。

图书在版编目（CIP）数据

高聚物防渗墙土石坝抗震性能模型试验与计算分析/李嘉，张景伟，王博著. —北京：化学工业出版社，2021.11

ISBN 978-7-122-40025-3

Ⅰ.①高… Ⅱ.①李… ②张… ③王… Ⅲ.①高聚物-截水墙-土石坝-抗震性能-研究 Ⅳ.①TV223.4

中国版本图书馆 CIP 数据核字（2021）第 204103 号

责任编辑：王　斌　彭明兰　　　　　　　文字编辑：冯国庆
责任校对：田睿涵　　　　　　　　　　　装帧设计：张　辉

出版发行：化学工业出版社（北京市东城区青年湖南街 13 号　邮政编码 100011）
印　　装：北京捷迅佳彩印刷有限公司
880mm×1230mm　1/32　印张 8¾　字数 228 千字
2021 年 11 月北京第 1 版第 1 次印刷

购书咨询：010-64518888　　　　　　售后服务：010-64518899
网　　址：http://www.cip.com.cn
凡购买本书，如有缺损质量问题，本社销售中心负责调换。

定　　价：88.00 元

前　言

　　据不完全统计，截至 2020 年，我国已建成各类水库 9.8 万多座，江河湖海堤防 28 万多千米，这些大坝及堤防在防洪、供水、灌溉、发电、航运等方面产生了巨大的作用。这些大坝及堤防有相当部分为土坝和土堤，且多数处于地震区。然而，由于年久失修，老化严重，我国大多数堤坝存在着一定的病害，安全隐患较大，对人民生命财产和社会稳定构成了极大的威胁，其中防渗系统出现的问题是其主要病害之一。传统的防渗加固技术普遍存在着施工周期长、效率低、对坝体的扰动或破坏较大等问题。因此，亟待开发抗震性能好、对坝体扰动小、施工速度快捷的新型防渗墙技术，以满足我国病险水库除险加固的需要。

　　鉴于高聚物防渗墙技术具有快捷、高效、超薄、轻质、高韧、经济、耐久、微创、环保等优点，结合当前土石坝除险加固的需求，这种新型的防渗加固技术正逐步成为中、小型水库及堤坝防渗加固的重要措施。本书针对高聚物防渗墙土石坝动力特性及抗震性能开展研究，主要研究内容包括高聚物注浆材料动力特性研究、基于原型材料防渗墙的土石坝动力离心试验研究、基于三维动力有限元的高聚物防渗墙土石坝抗震性能研究、地震作用下高聚物防渗墙设计参数优化研究。

　　本书在新工艺、新技术上进行了大胆的探索，提出了一些新的见解，并为新技术、新工艺的脱颖而出和全面开发应用提供了有力的证据。书中的研究成果是根据我国传统土石坝存在的实际问题，结合高聚物防渗墙技术的优点，经过试验研究提出的，具有广泛的实用性和推广价值。作者也先后发表过一些论文和著作，如《高聚物防渗墙土石坝抗震性能研究》《高聚物防渗墙土石坝地震加速度响应的动力离心试验研究》《地震荷载下高聚物防渗墙多目标函数优化设计研究》等，多次参与高聚物防渗墙相关的研究课题。为把高聚物防渗墙技术更好地运用在实际工程项目中，作者以自己多年的研究成果为基础，并参考、搜集了国内外其他有关的技术资料，系统地撰写了本书。

限于编著者的水平，诚恳地欢迎读者和有关专家对不妥之处提出批评和指正。

著 者

2021 年 9 月

目 录

第1章 绪 论

1.1 研究背景

据不完全统计，截至 2020 年，我国已建成各类水库 9.8 万多座，江河湖海堤防 28 万多千米，这些大坝及堤防在防洪、供水、灌溉、发电、航运等方面产生了巨大的经济、社会和环境效益，对我国经济发展和社会进步发挥了重要作用[1,2]。这些大坝及堤防有相当部分为土坝和土堤[3]，且多数处于地震区。然而，由于年久失修，老化严重，我国大多数堤坝存在着一定的病害，安全隐患较大，对人民生命财产和社会稳定构成了一定的威胁。

近年来，中央和地方政府高度重视病险水库和堤坝的除险加固：1998~2006 年，全国累计投入 455 亿元，实施了一、二期病险水库除险加固；2007 年，水利部会同国家发改委、财政部制定了《全国病险水库除险加固专项规划》，共纳入病险水库 6240 座，累计下达投资计划 657.2 亿元；从 2009 年 7 月开始，又安排了中央财政专项资金 20 亿元，全面完成了《东部地区重点小型病险水库除险加固规划》中 1116 座重点小型水库的除险加固；"十二五"期间，我国对 5400 座小（1）型、4.1 万座小（2）型水库进行了除险加固，处置了 5000 多条中小河流，堤防除险加固累计长度达 6 万多千米。2016 年出现的全国洪涝灾害，进一步加剧了堤坝除险加固的任务。2021 年，国务院办公厅发布《国务院办公厅关于切实加强水库除险加固和运行管护工作的通知》，将水库除险加固和运行管护工作提到了前所未有的高度，并明确了水库除险加固和运行管护工作的目标任务：2025 年年底前，全部完成 2020 年前已鉴定病险水库和 2020 年已到安全鉴定期限、经鉴定后新增病险水库的除险加固任务；对"十四五"期间每年按期开展安全鉴定后新增的病险水库，及时实施除险加固；健全水库运行管护长效机制。

在病害堤坝中防渗系统出现的问题是其主要病害之一[4~6]。传统的防渗加固技术主要有高压喷浆成墙技术、振动沉模板墙防渗技术、水泥土搅拌桩成墙技术等[7]。这些防渗加固技术在国内得到了较为广泛的应用，并发挥了重要的作用。但在实际应用中，这几种防渗墙技术普遍存在着施工周期长、效率低、对坝体的扰动或破坏较大等问题，并且采用水泥类材料，构建的防渗体为刚性防渗体，与土体弹性模量差别较大且极限应变小，在地震作用下，易产生应力集中现象且不能适应较大的变形，造成抗渗抗裂性能不足，甚至在内部产生渗透通道造成溃坝，严重危害国家和人民生命财产安全。因此，亟待开发抗震性能好、对坝体扰动小、施工速度快捷的新型防渗墙技术，以满足我国病险水库除险加固的需要。

"非水反应高聚物注浆防渗加固技术"是针对土质堤坝防渗加固需要研发的防渗加固新技术。该技术的原理是在需要防渗加固的土石坝内施工形成连续的槽孔；通过注浆管向槽孔内注射非水反应类双组分聚氨酯高聚物注浆材料；高聚物注浆材料发生化学反应后体积迅速膨胀，把槽孔填充满并固化后形成高聚物薄片体，相邻槽孔的高聚物薄片体紧密胶结在一起，形成连续、均匀、规则的高聚物防渗墙，实现土石坝的防渗加固。高聚物防渗墙施工示意如图 1.1 所示。

土石坝高聚物防渗墙技术采用非水反应类双组分聚氨酯高聚物

图 1.1　高聚物防渗墙施工示意图

注浆材料，与其他现行注浆材料相比，双组分聚氨酯高聚物注浆材料具有许多显著特点。

　　① 材料自重轻（密度通常小于 $300 \mathrm{kg/m^3}$），对坝体产生的附加荷载小。

　　② 施工快捷，材料具有早强特性（15min 达到最终强度的 90%）。

　　③ 抗渗性能好（聚合体渗透系数达 $10^{-8} \mathrm{cm/s}$ 或更小）。

　　④ 需要水的参与。与"单组分"高聚物注浆材料（现场水作为另一组分参与聚合反应）相比，采用非水反应类双组分聚氨酯材料，聚合反应不需要水的参与，既适用于无水环境，又适用于富水条件，能够迅速地对渗透破坏的堤坝进行防渗加固。

　　⑤ 预期抗震性能好。自膨胀特性的双组分聚氨酯高聚物注浆材料，具有明显的弹性体特征，延展性好，有消散应力集中和自愈裂纹的趋向。

　　鉴于高聚物防渗墙技术具有快捷、高效、超薄、轻质、高韧、经济、耐久、微创、环保等优点，结合当前土石坝除险加固的需求，这种新型的防渗加固技术正逐步成为中、小型水库及堤坝防渗加固的重要措施。然而，虽然目前国内外对高聚物注浆材料特性、注浆工艺和施工效果进行了一些研究[8,9]，但对其动力特性及高聚物防渗墙土质堤坝的抗震性能尚不清楚，包括高聚物防渗墙在地震作用下的应力分布模式、加速度、位移响应及土石坝地震响应等情况均缺乏深入了解，使得这一新型堤坝防渗加固技术在震区的运用受到了限制。因此，开展高聚物防渗墙动力特性及高聚物防渗墙土石坝抗震性能研究，可为高聚物防渗墙技术在震区的应用和发展提供科学依据，对于土石坝抢险加固和防灾减灾具有重要意义。

1.2 国内外研究现状

1.2.1 聚氨酯类材料动力特性研究现状

土石坝高聚物防渗墙技术采用的非水反应类双组分聚氨酯高聚物注浆材料属于聚氨酯材料的一种。国际上，1959 年 Gent 和 Thomas[10] 开展了聚氨酯材料力学性能研究工作，提出了立方体和弹性支柱模型，为聚氨酯材料动力特性的研究奠定了基础。由于硬质聚氨酯类泡沫塑料经常受到动荷载及环境温度的作用，后人的研究工作也往往围绕着不同应变率和温度下的动态力学性能开展。Burchett[11] 通过试验研究了硬质聚氨酯泡沫塑料的应变率和温度效应，结果表明：屈服应力随着温度的增加而减小，随应变率的增加而增加，并且温度对失效类型转变起到根本作用。Green[12] 在较大的应变率范围内采用分离式霍普金森压杆（Split Hopkinson Pressure Bar，SHPB）研究了聚氨酯泡沫塑料的静、动态力学性能。研究表明：较高密度的材料在屈服后存在一个应力降，并随着应变率的增加而增加；材料的密度和屈服强度呈现抛物线的关系，Green

虽然没有得到高应变率下的应力-应变曲线，却讨论了高应变率下聚氨酯泡沫的破坏机理。Rusch[13] 考虑泡沫塑料的应变率效应进行了泡沫塑料的抗冲击力学性能和吸能特性的讨论，认为应变和应变率是可分离的。基于 Rusch 的研究成果，Cousins[14] 得到了预测泡沫塑料冲击力学行为的应力-应变关系，又称为连续介质理论。

国内，吴用舒等[15] 利用普通的电子脉冲液压伺服疲劳试验机研究了硬聚氨酯泡塑的动态压缩性能，得到了应力-应变曲线和屈服应力。卢子兴等[16,17] 分别利用 Instron 低速压缩试验、落锤冲击试验和 SHPB 应力波加载试验，研究了材料的应变率效应和温度效应，试验后对泡沫塑料试件进行了扫描电镜测试，分析了其破坏机理。平幼妹等[18] 利用电子万能试验机对两种包装塑料的加载速率进行了研究。胡时胜等[19] 和谢若泽等[20] 利用 SHPB 对聚氨酯材料进行了动态扭转试验，得到了材料动态剪切力学性能和参数，并用扫描电镜研究了材料的破坏机制。唐一科等[21] 对高密度聚氨酯材料的振动性能进行了研究，给出了振动特性的影响因素，证实了非线性滞后性。范俊奇等[22] 采用高应变率对聚氨酯泡沫的动态抗压性能进行了试验，给出了动荷载下的本构关系及静、动态力学参数的关系。针对非水反应类双组分聚氨酯高聚物注浆材料，石明生[7] 进行了材料压缩、弯曲、拉伸等试验研究，建立了材料密度与最大膨胀力、材料密度与起始渗水压力及材料密度与抗压强度、弯曲强度、拉伸强度的关系曲线，获得了材料静态力学特性试验成果。刘恒[23] 采用常规三轴试验测试了聚氨酯高聚物材料在不同围压下的应力-应变特性，并通过三种不同的试验方法研究了高聚物材料的剪切特性，获得了高聚物密度与剪切强度、剪切模量的关系。胡郑壕[24] 测试了不同密度聚氨酯高聚物注浆材料在 -35℃、40℃不同温度下的抗压强度和抗拉强度，还对高聚物注浆材料进行不同次数的冻融循环试验，分析了冻融循环作用对不同密度高聚物注浆材料的力学性能影响。陈硕[25] 应用动态热机械分析技术研究聚氨酯高聚物注浆材料动态黏弹特性及其影响因素，测试了不同温度、频率、密度以及浸水条件下高聚物注浆材料的动态黏弹性模量和损耗因子。

从上述研究可知，国内外对聚氨酯材料的动力特性研究多集中在不同应变率和温度下包装工程的泡沫塑料动态力学性能上，而对非水反应类双组分聚氨酯高聚物注浆材料（以下简称"高聚物注浆材料"）目前仅有静态力学特性的研究成果。

1.2.2　材料剪切波速压电陶瓷弯曲元研究现状

动态剪切模量是材料动力特性研究的主要内容，也是岩土工程地震反应分析的重要参数。动态剪切模量测试通常可以分为现场勘探法和室内试验法两种，现场勘探法包括跨孔法、地表振动法和逐层检测法等，室内试验包括共振柱法、扭剪仪和三轴剪切仪测试法等[26]。共振柱法是室内试验的代表性方法，但其测试复杂，影响因素也较多。

1978 年 Shirley 和 Hampton[27] 将压电陶瓷弯曲元引入岩土工程材料测试剪切波速，由于其原理明了、操作简单，且兼具无损检测而被广泛应用于土样的小应变剪切模量测试中。黄博等[28] 开发了与动三轴仪结合的压电陶瓷弯曲元技术，并用于钱塘江粉土的测量，将试验结果和 Hardin 和 Richart 公式进行拟合，一致性较好。姬美秀[29] 研究了准确测试不同种类和刚度土样剪切波速的方法以及消除剪切波速弥散性问题的方法，试验表明：合适的激发频率和波形有助于消除近场效应和过冲现象，而合适的频率选择能消除剪切波的弥散性。周燕国[30] 利用土工离心机振动台试验、固结试验、动三轴试验结合弯曲元试验，得到了砂、黏土的结构性和剪切波速的关系，并将剪切波速作为土体损伤演化的指标，获得了土体结构性对抗液化强度、黏土动变形和强度的影响规律。吴宏伟等[31] 利用装有霍尔局部应变传感器与弯曲元测试系统的三轴仪对上海软黏土剪切刚度的固有各向异性进行了研究，得出上海黏土有明显的各向异性并给出了最大剪切模量与应力状态之间的联系。柏立懂等[32]

开展了干砂最大剪切模量的共振柱与弯曲元试验的对比试验研究，证实了弯曲元和共振柱对砂土的测试结果有较好的相关性，而在弯曲元测试中，采用时域初达法和选用高频的脉冲电压更为合适。顾晓强等[33] 利用弯曲元、共振柱和循环扭剪对不同密度和不同围压的干砂剪切模量进行了对比分析，3 种试验得出的结果一致，砂土的粒径对试验结果的一致性没有影响。陆素洁等[34] 利用动三轴联合弯曲元测试系统对嘉兴原状海洋软黏土进行了一系列不排水条件下单调和循环三轴试验，研究发现土体动模量弱化规律与动荷载作用下的小应变刚度特性密切相关，在不同固结围压和循环加载条件下表现出很好的一致性。

上述文献多是针对弯曲元测试设备的适用性、可靠性及判断方法进行了研究。而循环荷载、排水条件、孔压水、饱和度等因素会对黏土或砂土的动态剪切模量产生影响，因此研究人员也分别针对这些影响因素开展研究：熊雄等[35] 研究了循环荷载对饱和黄土的动剪切模量影响，李帅等[36] 给出了其弱化特征。姬美秀等[37] 研究了不排水情况下累计孔压对砂土的剪切模量影响。徐洁等[38] 考虑了吸力和干湿路径对粉土动剪切模量的影响，并在其动剪切模量的半经验公式中增加了饱和度和吸力。李博等[39] 针对沉积角度为 0°、±45° 和 90° 的丰浦砂在加卸荷条件下剪切模量的变化进行了研究，证实了沉积方向的影响。杨哲[40] 使用 GDS 弯曲-伸展元系统对不同含水率的低液限黏性土进行了波速试验，研究了不同含水率、不同试验围压对剪切模量、侧限模量及泊松比的影响。

郑晓等[41] 利用弯曲元测试系统研究了水泥土的小应变剪切模量。周健等[42] 将弯曲元应用于水泥土桩的检测，探索了水泥土样的压缩波速与抗压强度的关系。

综上所述，目前国内外岩土工程领域将弯曲元测试技术应用于软黏土和砂土的土体刚度、抗液化能力及动剪切模量影响因素的研究，技术已经比较成熟，并已逐步扩大到其他岩土工程材料研究中。

1.2.3 土石坝动力模型试验研究现状

在土石坝抗震分析中，由于缺乏大坝的地震反应记录及实测地震资料，给准确、客观地研究其地震响应和抗震性能带来了困难。模型试验由于灵活便利且能直观地观测模型的变形、破坏过程，已逐渐成为预测结构变形、分析抗震性能及校验数值分析的重要手段。模型试验以普通振动台和离心机振动台为代表，在过去几十年内开展的研究给土石坝地震工程的发展带来了深远的影响。

1.2.3.1 普通振动台模型试验研究

1956 年 Clough 等[43] 利用冲击式振动台进行了斜墙和心墙堆石坝的振动试验，试验结果表明心墙是土石坝的薄弱区，对比两种坝型，斜墙坝的抗震性能优于心墙坝。日本京都大学[44] 的振动台试验表明：心墙和斜墙因为其柔性而具有稳定性。Seed 等[45] 采用振动台对斜墙坝做了试验，得出蓄水后地震对斜墙坝上游的影响要大于下游，评价其抗震性能的指标应从加速度转变为变形量。

20 世纪 70 年代，日本学者针对土石坝地震响应的影响因素进行了一系列的试验，包括地下水位变化、覆盖层厚度、不同的地震动输入参数、蓄水情况[46,47] 等，得到了较为丰富的研究成果。Nose 等[48] 对碎石堆筑心墙坝进行了破坏试验，研究了激振频率和破坏加速度的关系，试验表明频率在 15Hz 以下不会影响其破坏加速度，而满库的破坏加速度小于空库。王克成等[49] 研究了刚性地基上的二维堆石坝地震响应，得出坝体滑动的坡面不一定总是从坝顶开始，坝顶的沉降不是由坝体的弹塑性变形引起的，而是由地震振动所致的土石料颗粒骨架松散造成的。王克成等[50] 又进一步研究了 V 形河谷三维土石坝模型试验，变化了不同的地震动输入方向，结果表明斜向地震输入对坝体造成的危害更大。Masukawa 等[51] 研究了水平向和竖向地震波对模型的影响，并把应变片贴入坝体内部，检测内部裂缝，结果表明，竖向振动较水平向振动对坝体的影响大；而滑坡前，受地震作用的坝体内部已产生水平向的裂缝。Seda Sendir Torisu 等[52] 利用 3 个土石坝振动台模型试验研究了残余变形，并和数值模型进行了对比。

随着面板坝的兴建，越来越多的研究者开展了这种坝型的振动台试验。贺义明[53] 采用氯乙烯板作为面板、正弦波作为激励波进行了试验，研究了面板和蓄水等因素对面板坝动力响应的影响，分析了其破坏机理。孔宪京、韩国城等[54~57] 研究了面板堆石坝的动力特性，采用不同的材料——石膏混合料、有机玻璃及砂浆等面板制作了面板坝，在地震作用下研究了不同面板的破坏特性及影响因素。姜朴[58] 和汤书明[59] 则采用了掺铁粉的橡胶模拟面板，探讨了面板应力、坝体加速度、动水压力及破坏形式。刘小生等[60] 和杨正权等[61] 以猴子岩面板堆石坝为原型研究了坝体的动力响应和破坏形式。徐鹏等[62] 开展了整体刚性面板加筋土挡墙振动台模型试验，通过位移、加速度、土压力、筋材拉力的测试，对比了加筋土挡墙拟静力设计值与实际动力响应值的差异。随着高土石坝在西南山区的不断应用，高土石坝的抗震性能也成了研究的热点：杨玉生等[63]、刘启旺等[64,65] 和袁林娟等[66] 以双江口和两河口高心墙堆石坝为原型进行了坝体动力特性与破坏模式的振动台试验研究。杨正权等[67] 以双江口、两河口高心墙堆石坝及猴子岩面板坝为原型进行了 3 种模型试验，重点研究了堆石坝和心墙坝的地震动力反应特性的异同点，研究表明：两种坝型均有良好的抗震性能，但面板坝对上游坝坡的保护更加明显，能有效抑制上游坝坡的加速度。

1.2.3.2　离心机振动台模型试验研究

动力模型试验是研究结构动力特性的一种有效手段。土工离心模型试验是近年来发展迅速的岩土工程模型试验手段，它是将土工模型置于高速旋转的离心机中，让模型承受大于重力加速度的离心加速度作用，来补偿因模型尺寸缩小而导致土工构筑物自重的损失，因而模型与原型的应力应变相等、变形相似及破坏机理相同，能再现原型特性。离心机加上振动台，可以在原型应力条件下，在模型底部产生可控的地震波，通过各种监测手段直接获得地震引起的结构物的动力变形和稳定特性。

1990 年 Peiris 等[68] 分别研究了用堆石料和砂料制成的坝体在可液化的深覆盖层上的地震响应，试验表明堆石料坝体在地震作用下发生了较大的变形，石料嵌入可液化的覆盖层内，而砂料的坝体稳定性较好，沉降也较小。Arulanandan 等[69] 进行了心墙坝的离心机振动台试验，得出心墙坝和填料的黏结处孔隙比增大，造成的有效应力减少、抗剪强度减少，从而对心墙的破坏很大，用传统的 Newmark 法评价则没有考虑到这一因素，因此提出了一种新的考虑黏结处抗剪强度降低和孔隙比重新分布影响的坝体永久变形评价方法。Law 等[70] 进行了 4 组土石坝离心机振动台试验，验证了动力离心模型试验研究土石坝地震响应是合理、有效的。Astaneh 等[71] 利用离心机振动台研究了不同频率地震波对土石坝地震响应的影响。Mourad 等[72] 利用离心机振动台开展了在淤泥覆盖层上建造砂制土石坝的地震液化研究。Charles 等[73] 以中国香港地区地质环境为背景，用饱和的风化花岗岩制作成松填坝，利用离心机振动台输入单向或双向的地震波研究了其地震稳定性，试验表明，在（0.08～0.11）g 工况下坝坡可以保持稳定。Hideaki 等[74] 利用离心机振动台研究了不同水位对面板坝地震响应的影响。M. K. Sharpa 等[75] 利用离心机振动台研究了不同液化深度坝基上土石坝的破坏机理。Iwashira[76] 进行了心墙堆石坝的离心机振动台试验，选择正弦波为输入波，研究土石坝的破坏模式，结果表明上游坝坡和心墙易于发生破坏，但并未发生坝体的深层破坏。Kim 等[77] 利用离心机振动台开展了心墙坝和面板坝的地震响应研究，输入人工地震波后发现两种坝型抗震性能良好，只有表层土体发生了滑动，而坝体的沉降和位移较小。

在国内，2003 年王年香等[78] 利用离心机振动台研究了面板堆石坝的地震响应，结果表明：随着振动次数的增加，坝体的加速度放大系数也增加，而坝顶的沉降量增量、面板的动应变和残余应变的增量则减小。吴俊贤等[79] 进行了土石坝的动力离心试验，讨论了坝体受震时孔隙水压力的变化及不同位置的加速度变化，利用试验结果评估 LIQCA 程序的合理性。汪明武等[80] 进行了液化场地堤坝地震响应的土工离心试验，研究表明液化场地堤坝坝顶和坝趾在地震作用下会发生较大的沉降。王年香等[81] 以长河坝为原型，通过离心机振动台开展了不同地震作用下坝体的加速度反应、坝顶沉降和破坏模式，分析了大坝的极限抗震能力。程嵩等[82] 进行了面板堆石坝的动力离心试验，结果表明：地震最大响应出现在坝顶处，且地震作用下面板出现了较大的应力应变，面板上部受压，下部受拉，弯矩出现了"中间大，两头小"的分布规律。章为民等[83] 研究了紫坪埔大坝震后永久变形矢量特征，得出震后堆石料具有剪缩性，且永久变形矢量向内、垂直分量大于水平分量，并用离心机振动台验证了坝顶加固技术的合理性。王丽萍等[84] 利用动力离心试验验证了加筋堤坝的破坏机理。张雪东等[85] 开展了竣工期、蓄水期面板堆石坝地震响应的一系列离心机振动台模型试验，得到面板应力的演进规律与其地震动历史有关的结论。刘庭伟等[86] 利用超重力振动台开展土石坝地震响应及抗震加固研究，揭示了土石坝震害机理和主余震下地基动力响应规律，验证了坝趾压重和坝壳翻压抗液化措施的有效性。

1.2.3.3　土石坝防渗体系离心模型材料研究

防渗体系是土石坝结构中的重要部分，同时也是薄弱环节，在地震作用下易发生破坏，从而威胁土石坝的安全。在针对土石坝防渗体系的模型试验研究中，受几何比尺和尺寸效应的影响，模型材料的选择是试验中的主要难点。

由于原型心墙料颗粒较小，不会产生尺寸效应，同时可模拟实际受力状态，土石坝防渗体系中的心墙或斜墙模型材料一般选用原型材料。陈生水等[87] 在对黏土心墙坝进行漫顶溃坝的离心模拟中，采用了黏土作为心墙料。冯晓莹等[88] 在研究心墙坝的水力劈裂机理时，离心模型中的心墙料直接采用了去掉杂质的原型心墙混合料。其他研究者，如 Clough[43]、杨正权[61]、刘启旺[64]、Yuji Kohgo等[89] 在对斜墙或心墙堆石坝做抗震稳定性分析时，都采用了黏土或黏土掺砾料作为心墙和斜墙材料。

土石坝防渗体系中的防渗墙在离心模型中采用不同的材料来模拟。实际工程中防渗墙分为刚性混凝土防渗墙和塑性混凝土防渗墙两种类型，针对刚性混凝土防渗墙模拟有两种方法[90,91]：

① 采用弹性模量与原型材料相近的材料，如水泥砂浆和细骨料混凝土，其弹性模量为 $1.7 \times 10^4 \sim 4.0 \times 10^4$ MPa，接近混凝土的弹性模量，且受力特性和混凝土相当，适当调整水灰比即可作为防渗墙的模型材料。刘麟德等[92] 在进行铜街子水电站堆石坝离心模型试验时，选用了粒径小于 5mm 的细粒混凝土模拟混凝土防渗墙，试验测试了防渗墙模型的应力和应变。刘麟德等[93] 在研究瀑布沟坝基防渗墙离心模型试验时，亦采用粗颗粒高标号砂浆混凝土制模，得到了墙体应力和变形值。

② 采用抗弯刚度相似的铝板材料，混凝土防渗墙的受力满足平面应变条件，墙体的横向变形比竖向变形重要，采用横向变形作为控制参数，铝板的厚度可通过抗弯刚度相似来进行控制。

$$d_{\mathrm{m}}^{\mathrm{Al}} = \sqrt{\frac{E_{\mathrm{p}}^{\mathrm{c}}}{E_{\mathrm{m}}^{\mathrm{Al}}}} \times \frac{d_{\mathrm{p}}^{\mathrm{c}}}{n} \tag{1.1}$$

式中，$E_{\mathrm{p}}^{\mathrm{c}}$ 和 $E_{\mathrm{m}}^{\mathrm{Al}}$ 分别为原型混凝土防渗墙和代替材料铝板的弹性模量；$d_{\mathrm{p}}^{\mathrm{c}}$ 和 $d_{\mathrm{m}}^{\mathrm{Al}}$ 分别为原型混凝土防渗墙和模型铝板的厚度；n 为几何比例尺。

由于制作简便，采用铝或铝合金作为防渗墙模型材料的应用较为广泛：李凤鸣等[94] 在进行高土石坝离心模型试验时，依据抗弯刚度相似，采用铝板模拟原型混凝土防渗墙。章为民[95] 以瀑布沟水电站为原型开展了坝基防渗墙的离心模型试验，采用铝板模拟防渗墙，并用凡士林加薄膜模拟了土体摩擦条件。李国英等[96] 采用离心模型试验研究了不同趾板长度下防渗墙和面板的应力应变特性，试验中的防渗墙和面板均采用铝板进行研究。张延亿等[97] 以甘肃九甸峡水电站混凝土面板堆石坝为原型，将混凝土防渗墙用铝合金代替，研究了竣工期和蓄水期防渗墙应力-应变变化曲线。徐泽平等[98] 采用了铝合金板代替混凝土防渗墙，在离心机试验中利用应变片和激光位移计研究了水库竣工期和蓄水期的变形特点。李波等[99] 在研究围堰防渗墙与复合土工膜连接形式的离心模型试验中，采用铝板代替防渗墙，研究了防渗墙的沉降和水平位移，考察了防渗墙和土工膜的变形协调性。王年香等[100] 在利用离心机振动台研究高土石坝时，采用铝板模拟防渗墙，并在防渗墙两侧涂抹凡士林以模拟接触面。刘军等[101] 利用离心机研究防渗墙上接土工膜的变形协调性时，采用铝板模拟防渗墙，试验给出了优化的连接方式和铺设方法。

塑性混凝土防渗墙材料呈弹塑性，力学特性比较复杂，它与有机纤维板铰类似，且两者弹性模量也相当，因此多采用有机纤维板来替代模拟。冯光愈等[102] 利用离心机对三峡深水高土石围堰的防渗墙方案进行研究时，针对低弹塑性混凝土防渗墙方案、高双刚性混凝土防渗墙方案及低双塑性混凝土防渗墙方案分别采用了砂浆板、铝板和环氧板进行模拟，试验测得了防渗墙的应力及水平位移，经与数值模拟综合比对，选择了最优方案。

综上所述，常规振动台、离心机振动台是土石坝抗震性能试验研究的主要手段，而离心机振动台又可模拟原型的应力条件，能更准确反映其动力特性。在针对防渗墙的动力模型试验中，模型墙多采用替代材料，采用原型材料构建防渗墙的研究还较少，对准确研究防渗墙动力响应及对坝体的影响还存在很多未知的因素。

1.2.4 土石坝动力数值分析方法研究现状

近年来，土石坝的抗震分析和动力计算有了较大的进展，经历了一个由拟静力分析到动力分析，由一维剪切梁分析到三维有限元分析，由线弹性分析到非线性分析，由总应力法到有效应力法的发展阶段。

1.2.4.1 剪切梁法

早期的土石坝动力分析是把坝体简化为一维问题来处理。假设土石坝是一个无限长楔形体，荷载沿长度方向分布（平面应变问题），忽略弯曲变形，只有水平剪切运动，这样土石坝就变成了一个等线宽的剪切梁[103]，利用该方法可以得到坝体自振特性、加速度及最大位移沿坝高的分布，因此被广泛地应用于土石坝的动力响应和抗震分析中。1936 年 Monobe 等[104] 提出了土石坝地震响应的剪切梁法，之后各国学者对剪切梁法做了大量的改进。Gazetas[105]、Dakoulas[106] 建立了剪切模量沿坝高呈指数分布的模型。Oner[107] 和 Dakoulas 等[108] 发展了适用于剪切梁法二维、三维的边界条件。徐志英[109] 推导出三维 V 型河谷土石坝受地震时动力反应的解析解。栾茂田等[110] 提出了复杂坝体断面的剪切梁的地震反应表达式。Gazetas[111] 和栾茂田等[112] 提出了坝体竖向振动的表达式。孔宪京等[113] 通过传递函数推广了坝-基地震反应分析的波动-剪切梁法。Elgamal 等[114]、Prevost 等[115] 及 Yiagos 等[116] 将非线性与剪切梁法结合，发展了土石坝非线性的动力反应分析方法。孔宪京等[117] 采用附加质量和附加刚度的方法推导出面板堆石坝自振频率和振型的计算公式，得出了混凝土面板堆石坝地震反应分析的剪切梁法。徐志英[118] 考虑了振动孔隙水压对剪切模量的影响，提出了一种简化方法。Towhata[119] 和栾茂田等[120] 将剪切梁法应用范围推广到成层场地。

剪切梁法可较准确估算自振特性，推算沿坝高分布的坝体地震响应。然而，此方法只考虑了土体的剪切变形，描述坝体真实受力状况还不够精确，并且该方法只能得到坝体沿坝高分布的地震响应，不能得到坝体同一高度其他部位的地震响应。

1.2.4.2 有限单元法

随着计算机软硬件的发展，有限元法成为土石坝动力响应分析的主要方法。1966 年，Clough 等[121] 把有限元法应用于土石坝的动力分析中，假定坝体为线弹性的均匀体，采用叠加振型法对土石坝进行动力响应分析。采用有限元法进行土石坝的地震反应分析时，一般按照土石料的本构模型分为 3 类：非线性弹性模型、黏弹性模型和弹塑性模型。

（1）非线性弹性模型

自从 1973 年 Idriss 提出了引入插值的等价线性方法后，各种非线性的模型得以迅速发展。土的非线性弹性模型一般采用线性增量假定，以变形模量为变量，瞬时应力为函数。根据假定条件不同或所依据的试验不同，土的非线性弹性模型也有不同类型。Duncan 和 Chang[122,123] 提出了具有代表性的土的非线性 $E\text{-}v$ 模型，后来发展成为实用的 $E\text{-}B$ 模型，得到了广泛的应用。Domaschuk 等[124] 提出了将应力-应变分解成偏张量和球张量的 $K\text{-}G$ 模型，因其建立在加卸准则上，比 $E\text{-}B$ 模型更贴近实用，但是在求解球张量和偏张量时，参数的获取较难。Naylor[125] 提出了双参数的应力-应变耦合 $K\text{-}G$ 模型，考虑了球张量和偏张量的耦合作用。高莲士等[126,127] 提出了非线性解耦的 $K\text{-}G$ 模型，包含了应力的状态、增长方向及路径对应变增量的影响，反映了土体的剪缩性及各向异性的变形特性。但由于土体在动荷载作用下具有非线性、滞后性和变形累积的特点，非线性弹性模型无法考虑滞后性和变形累积效应。

（2）黏弹性模型

黏弹性模型可以反映土体在地震作用下的非线性和滞后性。常用的黏弹性模型有 Hardin-Drnevich[128] 模型和 Ramberg-Os-good[129] 模型。等效线性黏弹性模型采用等效剪切模量 G 和等效阻尼比 λ 来描述应力状态，以 G 和 λ 作为动力特性指标代入计算。邹德高等[130] 采用等效线性黏弹性本构模型利用 GEODYNA 有限元软件研究了高土石坝加速度响应。潘家军等[131] 采用等效线性化本构模型，利用 ABAQUS 有限元软件研究了高混凝土面板堆石坝地震反应。李阳等[132] 采用了等效线性黏弹性本构模型，进行了基于 ABAQUS 有限元软件的面板砂砾石坝三维动力有限元分析。由于等效线性黏弹性模型概念简单明确，又是基于试验的总结，目前，工程领域动力分析已广泛采用了等效线性黏弹性本构模型。

（3）弹塑性模型

土体的弹塑性模型是根据土体的塑性增量理论建立起来的。它将总应变增量分成弹性应变增量和塑性应变增量，弹性应变增量由胡克定律确定，塑性应变增量依据塑性理论，包括屈服条件、流动法则和硬化规律，根据三个条件不同的假设，出现不同的弹塑性模型。

1963 年，K. H. Roscoe 等[133] 将经典的金属塑性理论推广到土体的本构关系上，建立了剑桥弹塑性模型（Cam-clay Model）。Lade[134] 建立了一种锥形屈服面的弹塑性模型，屈服方程包含了 3 个应力不变量，但模型参数相对较多。沈珠江[135] 提出了一种双重屈服面的弹塑性模型，并用正交流动法则推导了应力应变关系。用于土石坝有限元动力计算中的非线性黏弹塑性本构模型目前还处于理论上的探索阶段[132]。

综上所述，以上 3 种模型中：线弹性模型无法考虑土体在动荷载作用下的滞后性和变形累计效应；弹塑性模型在土石坝有限元动力计算中还处于理论上的探索阶段；等效线性黏弹性模型由于概念简单明确，又是基于试验的总结，被工程领域动力分析广泛采用。因此采取合理反映土体在动荷载作用下的应力-应变关系的等效线性黏弹性本构模型，对研究高聚物防渗墙土石坝抗震问题的数值模拟、探讨土石坝的地震稳定性具有积极的意义。

1.3 研究内容

本书针对高聚物防渗墙土石坝动力特性及抗震性能开展研究，主要研究内容如下。

（1）高聚物注浆材料动力特性研究

制定高聚物注浆材料弯曲元动剪切模量试验方案，研究影响精确测试高聚物注浆材料剪切波速的关键问题。测试不同密度下高聚物注浆材料的动剪切波速，得到其动剪切模量，探讨高聚物注浆材料密度和弯曲元激发脉冲频率对动剪切模量的影响，对比分析动、静弹性模量，讨论高聚物注浆材料和筑坝黏土动模量的相关性。

（2）基于原型材料防渗墙的土石坝动力离心试验研究

开展高聚物防渗墙土石坝和混凝土防渗墙土石坝动力离心试验研究。

① 设计与制作原型材料防渗墙土石坝模型。

基于小比尺模型相似理论建立防渗墙土石坝非等应力模型相似关系；设计并制作原型材料防渗墙模型；制定量测系统布置方案并设计传感器粘贴、埋设工艺及标定方法；制定试验加载方案。

② 研究高聚物防渗墙土石坝地震响应特征。

在正常蓄水条件下施加地震作用，研究高聚物防渗墙土石坝在超重力和地震作用下的地震响应特征，分析两组墙体、坝体地震反应异同点及原因。

（3）基于三维动力有限元的高聚物防渗墙土石坝抗震性能研究

利用 ABAQUS 有限元软件，结合弯曲元试验得出的高聚物注浆材料动力特性，建立基于黏弹性人工边界地震波输入方法和考虑土体黏弹性的高聚物防渗墙土石坝三维数值模型。研究高聚物防渗墙墙体及其土石坝的地震响应特性，分析其与混凝土防渗墙土石坝地震响应特性异同点，联合试验结果明确高聚物防渗墙土石坝的抗震性能及相关机理。

（4）地震作用下高聚物防渗墙设计参数优化研究

将基于图解法的多目标优化方法应用于高聚物防渗墙优化设计，以地震作用下高聚物防渗墙抗震性能好、工程造价低为研究目的，形成高聚物防渗墙抗震安全性和经济性为组合的优化模型，并以防渗要求和技术可行性为约束条件，进行高聚物防渗墙墙体材料密度的优化设计。

第2章 高聚物注浆材料动力特性弯曲元试验研究

2.1 概述

堤坝是水利枢纽工程中最重要的建筑物，也是涉及水利工程安全的关键所在。其中防渗墙是堤坝防渗的重要组成，防渗墙的安全直接关系到整个枢纽工程的安全。高聚物防渗墙技术是专门针对土石坝防渗加固而发明的新技术，具有快捷、轻质、高韧、耐久、微创、环保等优点，已在土石坝除险加固领域大规模推广。对采用高聚物防渗体的土石坝及防渗体的整体抗震性能进行研究，分析其地震响应，对于土石坝抢险加固和防灾减灾具有重要意义。

材料的动力特性是结构动力稳定性和地震反应分析中不可缺少的参数，为了进行高聚物防渗墙地震反应分析，本章开展高聚物注浆材料动力特性的试验研究。鉴于目前高聚物注浆材料动力学试验无现行规范可依，国内外又没有关于其动模量的试验研究资料，考虑到高聚物注浆材料具有明显的弹性体特征，弯曲元测试系统又是以弹性理论为依据的材料动剪切模量测试技术，因此，本章在多次试验的基础上应用弯曲元测试技术开展对高聚物注浆材料的动力特性研究。

2. 2   高聚物注浆材料静态力学特性

关于高聚物注浆材料的静力学特性，郑州大学石明生[7] 开展了比较全面的工作：研究了双组分发泡聚氨酯注浆材料的渗透性、膨胀力、抗压、抗拉及弯曲特性，建立了材料密度与起始渗水压力、材料密度与最大膨胀力及材料密度与抗压强度、弯曲强度、拉伸强度的关系曲线，部分试验结果见图 2.1～图 2.5。静力学材料特性的取得为高聚物注浆材料在工程领域的应用提供了重要的依据。

由于高聚物注浆材料无特定的试验方法，也没有现行的规范可参考，刘志远[136] 参照《土工试验方法标准》（GB/T 50123—1999）、《塑料力学性能试验方法总则》（GB/T 1039—92）及《塑料压缩性能试验方法》（GB/T 1041—92）开展了高聚物注浆材料抗压强度和静态弹性模量的研究。

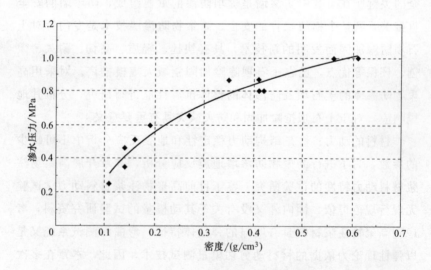

图 2.1   高聚物注浆材料渗水压力随密度的变化

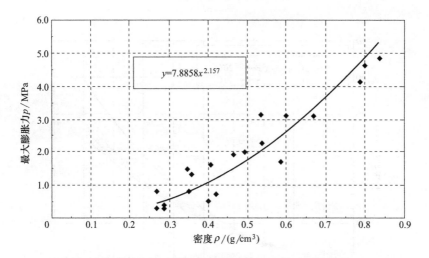

图 2.2 高聚物注浆材料膨胀力与密度的关系

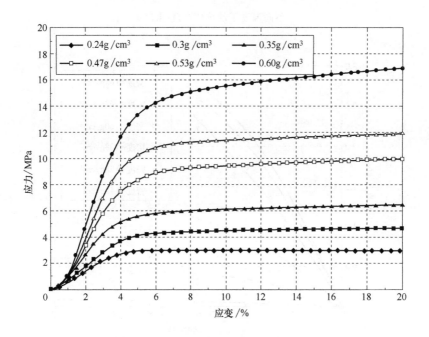

图 2.3 典型应力-应变关系曲线

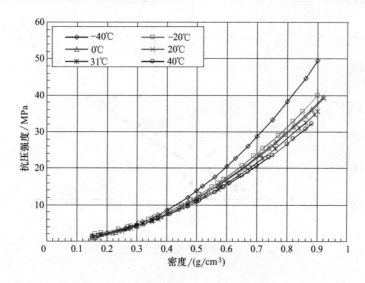

图 2.4　不同温度下的抗压强度-密度关系曲线

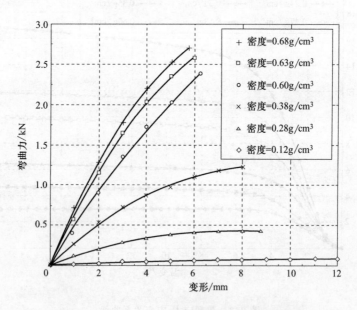

图 2.5　典型的不同密度下弯曲力与变形关系曲线

刘志远研究了 $\phi 40mm \times 40mm$ 和 $\phi 40mm \times 80mm$ 试件的抗压强度和静态弹性模量，试验结果见表 2.1 及表 2.2；刘勇[137] 研究了 $\phi 150mm \times 300mm$ 的试件的抗压强度和弹性模量，高聚物注浆材料的密度从 $0.16g/cm^3$ 变化到 $0.78g/cm^3$，试验结果见表 2.3。

表 2.1　$\phi 40mm \times 40mm$ 高聚物注浆材料抗压强度与弹性模量

编号	平均密度/(g/cm^3)	平均抗压强度/MPa	应变/%	平均模量 E/MPa
1	0.035	0.307	24.016	3.153
2	0.093	1.723	25.812	25.000
3	0.110	2.368	25.309	12.471
4	0.154	3.781	25.086	27.357
5	0.175	4.967	23.489	31.099
6	0.207	8.097	33.991	38.867
7	0.218	10.201	15.555	68.197
8	0.236	11.383	17.685	87.967
9	0.246	12.628	13.545	98.628

表 2.2　$\phi 40mm \times 80mm$ 材料的抗压强度与弹性模量

编号	平均密度/(g/cm^3)	平均抗压强度/MPa	应变/%	平均模量 E/MPa
1	0.0370	0.339	7.720	7.311
2	0.0894	1.428	7.452	38.300
3	0.111	2.403	16.432	30.866
4	0.153	3.416	7.968	59.000
5	0.181	4.303	8.186	56.706
6	0.209	6.649	11.250	110.073

表 2.3 ϕ150mm×300mm 材料的抗压强度与弹性模量

编号	密度/(g/cm³)	极限破坏荷载/kN	抗压强度/MPa	弹性模量/MPa
1	0.160	43	2.35	18.235
2	0.270	42	2.50	100.298
3	0.290	75.6	4.49	41.863
4	0.350	88	4.81	109.409
5	0.360	96	5.25	136.761
6	0.400	115.2	6.30	202.728
7	0.420	116.4	6.92	213.969
8	0.470	176.4	8.86	299.556
9	0.490	163.2	8.93	225.069
10	0.530	162	10.48	196.935
11	0.580	195.6	10.70	229.758
12	0.600	186.2	12.07	624.076
13	0.780	252.2	13.80	533.367

从试验可看出，材料密度从 0.035g/cm^3 变化到 0.780g/cm^3，抗压强度从 0.307MPa 变化到 13.80MPa，提高了 44 倍；静态弹性模量从 3.153MPa 变化到 533.367MPa，提高了 168 倍，高聚物注浆材料的力学特性和其材料密度密切相关，因此在高聚物注浆材料动力特性弯曲元试验中，根据材料密度对试验进行分组。

2.3   高聚物注浆材料动态剪切模量试验

动态剪切模量是材料动力性能的重要指标之一。其定义为：在剪切应力作用下，动剪切应力与动剪切应变在小应变变形范围内（$\gamma < 10^{-6}$）的比值。它表征了材料抵抗动剪切应变的能力，动剪切模量越大，材料的刚性越强。

2.3.1　试验方法

高聚物注浆材料的动态剪切模量采用压电陶瓷弯曲元（Piezoceramic Bender Elements）测试系统进行。压电陶瓷弯曲元是一种多功能的传感器，由两片或多片压电陶瓷构成。压电陶瓷分发射器（Actuators）和接收器（Sensors）两种，其中发射器将电能转化为机械能，接收器则将机械能重新转化为电能。压电陶瓷弯曲元通常一端固定，另一端自由，将自由端插入材料里，由于电压的作用会使压电陶瓷产生横向变形，一片伸长，另外一片缩短，从而产生弯曲变形。压电陶瓷弯曲元的工作原理见图 2.6。

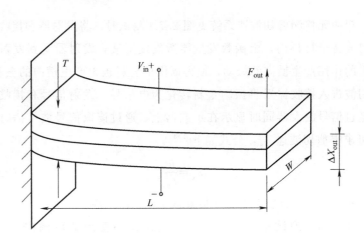

(a) 压电陶瓷弯曲元发射传感器

图 2.6

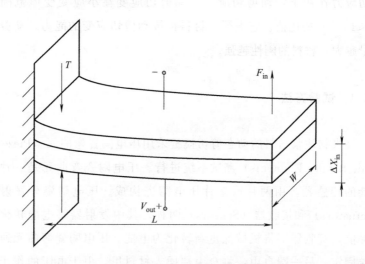

(b) 压电陶瓷弯曲元接受传感器

图 2.6　压电陶瓷弯曲元传感器的工作原理

弯曲元检测剪切波速系统见图 2.7。测试时，将发射器和接收器同时放置于材料内，由函数发生器激发发射波，发射器受到发射波电极的作用产生横向的振动，使得周围的材料被迫产生横向的振动，剪切波进入接收器后将振动重新转化为电信号，发射信号和接收信号经过信号放大器同时显示在示波器上，通过读取信号波传播时间 t_s 可求得剪切波速 v_s，公式如下[138]。

$$v_s = \frac{h}{t_s} \tag{2.1}$$

式中，h 为放置发射器和接收器端口间的距离。

在弯曲元测试中，由于材料的变化在小变形的范围内（$\gamma < 10^{-6}$），属于理想的弹性变形，所以根据弹性理论，在已知密度 ρ 的情况下，可求得其动剪切模量。

$$G_{\max} = \rho v_s^2 \tag{2.2}$$

研究表明，受材料阻尼影响，波在材料里的传播速度并不是常

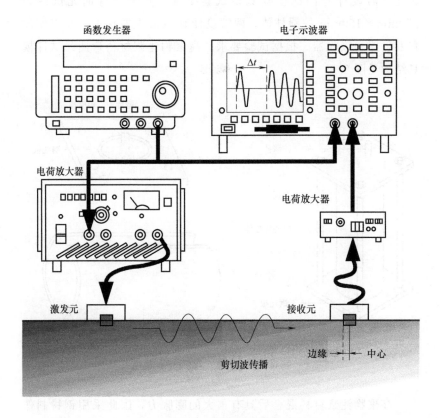

图 2.7　弯曲元测试剪切波速系统

数，但在弯曲元附近最大，所以弯曲元试验测得的是材料最大动剪切模量，即 $G_{\max}$。

2.3.2　试件制作

2.3.2.1　高聚物注浆材料弯曲元试件模具

高聚物注浆材料是双组分发泡体，没有固化前具有流动性和膨

胀性，需设计专门的模具满足试验要求。高聚物弯曲元试件为
ϕ50mm×150mm 的圆柱体，两端设计有 1cm 左右深的槽孔以便放
置发射器和接收器。根据试验要求，高聚物注浆材料弯曲元试件模
具结构见图 2.8。

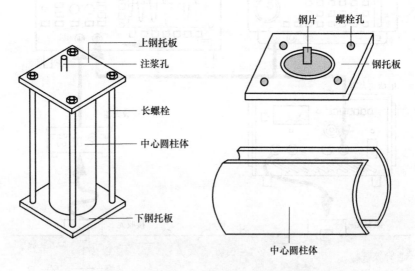

图 2.8　高聚物注浆材料弯曲元试件模具结构

高聚物注浆材料混合后具有很大的膨胀力，因此采用钢材制作
模具：设计上下两块正方形钢托板，用四个长螺栓固定；上下钢托
板内嵌有 ϕ50mm 的槽卡住中心圆柱体模具，并在上下托板的圆形槽
孔正中心设有 10mm×10mm×2mm（长度×宽度×高度）的钢片以
形成槽孔。上钢托板预留注浆孔，靠长螺栓连接下钢托板，中心圆
柱体设计为对开式结构以便脱模。高聚物注浆材料弯曲元试件模具
实物见图 2.9。

注浆前，在中心圆柱体内壁涂抹润滑脂，安装好模具后进行注
浆。高聚物注浆枪见图 2.10，每枪注出约 125g 材料，为获取不同密
度的试件，注浆参数见表 2.4。注浆结束后，静置 2h，拆模、称重，
并计算试件密度。

(a) 外观

(b) 钢托板和圆柱体

图 2.9　高聚物注浆材料弯曲元试件模具实物

图 2.10　高聚物注浆枪

表 2.4　注浆参数

密度/(g/cm³)	质量/g	所需的枪数
0.1	29.5	0.24
0.2	59.0	0.47
0.3	88.5	0.71
0.4	118.0	0.94
0.5	147.5	1.18
0.6	177.0	1.42

2.3.2.2　高聚物注浆材料弯曲元试件

在工程中，高聚物防渗墙常用密度为 $0.1\sim0.3\mathrm{g/cm^3}$，试验设计密度为 $0.1\sim0.6\mathrm{g/cm^3}$，涵盖了高聚物注浆材料低、中、高的密度范围。每变化 $0.1\mathrm{g/cm^3}$ 为一个密度区间，共 5 个密度区间，每区间制作 3～5 个试件，将试件按照密度进行分组，见图 2.11。

图 2.11　高聚物注浆材料弯曲元试件

2.3.3　试验过程

　　测试时，将弯曲元发射端和接收端插入试件两端的槽孔，连接好设备。函数激发器产生激发脉冲，经放大器放大后输出电信号到压电陶瓷弯曲元的发射端，电信号转化成机械能迫使弯曲元变形，变形后的弯曲元产生清晰的剪切波使得高聚物注浆材料发生方向一致的振动，由接收器接收，经由放大器放大后在示波器上显示，示波器上显示出相同时间比例的发射和接收信号，读取剪切波传播时间，按照式（2.1）和式（2.2）计算高聚物注浆材料的动剪切模量。弯曲元系统测试过程见图2.12。

(a) 发射器、接收器

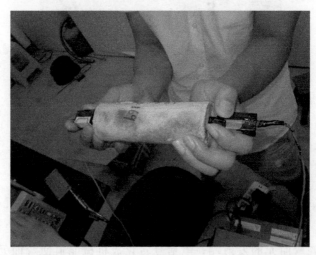

(b) 插入槽孔

(c) 函数激发器

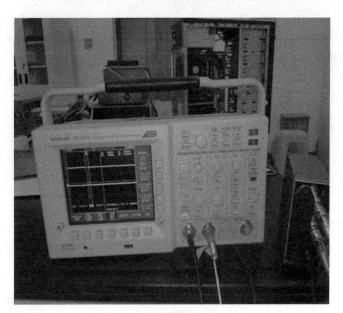

(d) 示波器

图 2.12　弯曲元系统测试过程

2.4 准确测量高聚物注浆材料剪切波速的影响因素

从式（2.1）和式（2.2）可知：准确测试剪切波在高聚物注浆材料的传播时间是研究弯曲元测试高聚物注浆材料动力特性的核心问题，而准确测定剪切波传播时间需要考虑到以下的影响因素。

（1）系统延时

设备精度、系统误差、输入和输出电压的弛豫时间等因素会造成弯曲元设备的系统延时，为准确测试高聚物注浆材料的剪切波速，得到传播时间的初值，需确定系统延时。确定方法为：将弯曲元设备发射器和接收器距离设为 0，即将两个端口接触，得到入射波和接

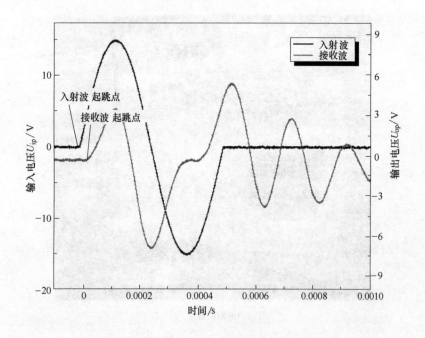

图 2.13　系统延时

收波起跳点的时间，见图 2.13，两者之差即为延时。试验测得弯曲元设备系统延时为 24μs，实测传播时间减去系统传播时间初值（24μs）即为准确的传播时间。

（2）合适的激发信号

弹性波包括剪切波和压缩波，研究表明：剪切波和压缩波信号的耦合会产生近场效应（Near-Field-Effects）和过冲现象（Overshooting），在方波上表现尤其明显。对单周期正弦波，只要选择合适的激发频率，可有效消除近场效应和过冲现象[139]。本试验选择单周期正弦波作为发射波，见图 2.14。

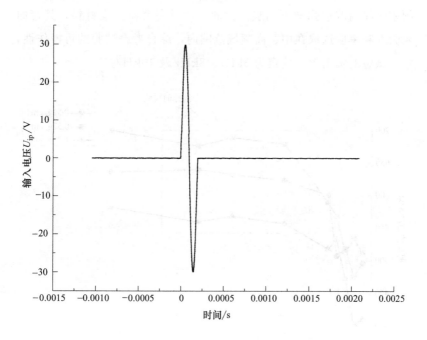

图 2.14　单周期正弦波

（3）合适的激发频率

激发频率对波形的影响较大，需要通过试验确定合适的激发频率或者频率的范围，这样既可以消除近场效应，又可以防止波形的

35

过快衰减，从而得到清晰而稳定的波形[139]。本书首次将压电陶瓷弯曲元测试技术应用于高聚物注浆材料剪切波速的测量，无前期的经验数据可用，要进行激发频率测试。

选择 $0.13g/cm^3$、$0.37g/cm^3$ 和 $0.51g/cm^3$ 低、中、高密度的高聚物注浆试件进行剪切波速和频率关系的测试，激发频率分别从 0.5kHz、1kHz、1.5kHz、2kHz、3kHz、5kHz、8kHz、10kHz 和 15kHz 进行变化，测试结果见图 2.15。结果表明：0.5～2kHz 频率范围内剪切波速变化剧烈，而 3～15kHz 的频域内变化相对平缓。这说明高聚物注浆材料的剪切波在低频呈现频散特性，而在中、高频率区间内波速弥散不明显。因此，针对高聚物注浆材料，其弯曲元激发频率应选取在中、高频域范围内，综合考虑试验的可操作性，本次试验的输出频率确定为 5kHz、8kHz 及 10kHz。

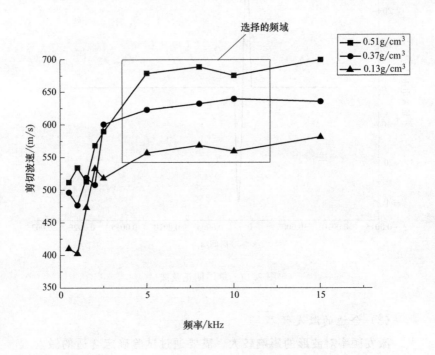

图 2.15　高聚物注浆材料剪切波速-频率的关系

2.5　高聚物注浆材料动态剪切模量试验结果与分析

2.5.1　高聚物注浆材料剪切波传播时间判定方法

弯曲元剪切波传播时间判定方法可分为时域判定法和频域判定法。典型的时域判定法有 Lee[140]、Leong[141]、陈云敏[142] 等人提出的"时域初达波法"（Start-Start，即 S-S 法），这种方法由于能获得一致性的测试结果而得到了广泛的应用。近年来，频域分析方法也有了一定的进展，这给剪切波传播时间的判定提供了新的视角[143~145]。然而与时域判定方法相比，频域判断技术目前有待进一步完善，因此本书采用时域初达波法来判定剪切波传播时间。

判定方法如下：以 5kHz 激发频率下 0.129g/cm^3 密度的高聚物注浆材料为例，绘制相同时间比例下的入射波和接收波，如图 2.16

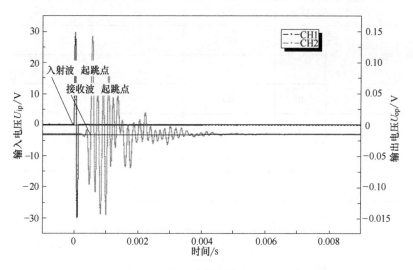

图 2.16　剪切波传播时间判定方法

所示。入射波 CH1 起跳点即为激发时间，而接受波 CH2 的第一个起跳点并非是真实的正弦波到达点，而是由剪切波的反射和折射引起的畸变时间点，第二个时间点才是真实的传播点。将第二个起跳点定为接收时间，两者时差即为剪切波在材料中的传播时间。

2.5.2 高聚物注浆材料弯曲元测试结果

将弯曲元测试结果按照"时域初达波法"判定传播时间，减去系统延时，即得到真实传播时间，换算成剪切波速，其测试结果见表 2.5。

表 2.5 高聚物注浆材料弯曲元测试结果

密度 /(g/cm³)	频率 /kHz	传播时间 /μs	系统延时 /μs	剪切波速 /(m/s)
	5	546	24	287.465
0.129	8	516	24	304.824
	10	530	24	296.647
	5	568	24	275.735
0.149	8	532	24	295.276
	10	524	24	300.000
	5	544	24	288.462
0.153	8	520	24	302.419
	10	500	24	315.126
	5	528	24	297.619
0.165	8	492	24	320.513
	10	480	24	328.947

续表

密度 /(g/cm³)	频率 /kHz	传播时间 /μs	系统延时 /μs	剪切波速 /(m/s)
	5	512	24	307.377
0.183	8	484	24	326.087
	10	466	24	339.367
	5	500	24	315.126
0.227	8	464	24	340.909
	10	456	24	347.222
	5	476	24	331.858
0.249	8	444	24	357.143
	10	432	24	367.647
	5	452	24	350.467
0.298	8	412	24	386.598
	10	404	24	394.737
	5	448	24	353.773
0.299	8	412	24	386.598
	10	400	24	398.936
	5	432	24	367.647
0.300	8	392	24	407.609
	10	382	24	418.994
	5	428	24	371.287
0.323	8	396	24	403.226
	10	388	24	412.087

密度 /(g/cm³)	频率 /kHz	传播时间 /μs	系统延时 /μs	剪切波速 /(m/s)
0.329	5	444	24	357.142
	8	428	24	371.287
	10	404	24	394.737
0.339	5	444	24	357.143
	8	430	24	382.653
	10	414	24	394.737
0.370	5	432	24	367.600
	8	418	24	380.725
	10	389	24	410.828
0.401	5	408	24	390.625
	8	376	24	426.136
	10	348	24	462.962
0.414	5	428	24	371.287
	8	388	24	412.088
	10	368	24	436.047
0.442	5	400	24	398.936
	8	376	24	426.136
	10	352	24	457.317
0.499	5	400	24	398.936
	8	368	24	436.047
	10	352	24	457.317

续表

密度 /(g/cm^3)	频率 /kHz	传播时间 /μs	系统延时 /μs	剪切波速 /(m/s)
	5	400	24	398.936
0.516	8	376	24	426.136
	10	348	24	462.963
	5	388	24	412.088
0.553	8	336	24	480.769
	10	335	24	482.315
	5	384	24	416.667
0.564	8	348	24	462.963
	10	340	24	474.683

2.5.3　试验结果分析

2.5.3.1　密度对动剪切模量的影响

将表 2.5 中 3 种频率下的剪切波速平均，依照式（2.1），计算不同密度下的动剪切模量，其关系见图 2.17。

从图 2.17 可知：材料的动剪切模量随着密度的增加而增加，即高聚物注浆材料的密度越大，其动剪切模量越大，材料的整体刚度越大。

由材料静力分析可知，高聚物注浆材料在小应变范围内应力-应变本构关系呈现线弹性，对动剪切模量-密度曲线图添加趋势线，去除掉离散性极大的数，相关系数 $R^2 = 0.99$，高聚物注浆材料 G_{max} 与材料密度 ρ 可近似地用线性关系表达。

$$G_{max} = k\rho - a \tag{2.3}$$

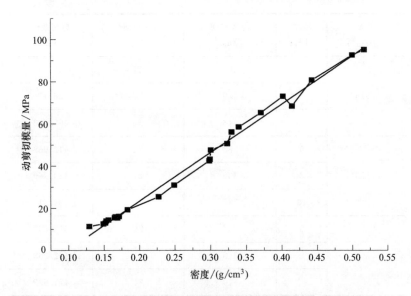

图 2.17　高聚物注浆材料动剪切模量与密度的关系

式中，k 为剪切模量系数，MPa·cm^3/g，取 230.146；a 为模量常数，MPa，取 22.662；ρ 为材料密度，g/cm^3。

式（2.3）可用于工程实际中快速判定由高聚物注浆材料构建的高聚物防渗墙动剪切模量。密度小于 0.1g/cm^3 的动剪切模量按 0.1g/cm^3 计算。

2.5.3.2　脉冲频率对动态剪切波速的影响

将 5kHz、8kHz、10kHz 频率下的动剪切波速随密度变化曲线绘图，见图 2.18。从图 2.18 可看出：3 种频率下动剪切波速随密度的变化趋势一致，但在相同的密度条件下，激发频率为中高频率时，频率越高剪切波速越大，即激发频率越大，剪切波传播的时间越短、剪切波速越大。

以上现象可从两方面解释。

① 根据高聚物与能耗的关系（图 2.19）[146]，当激发频率处于

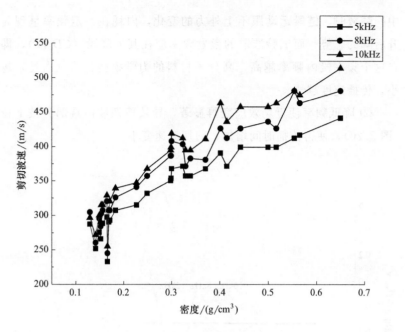

图 2.18　脉冲频率对动剪切波速的影响

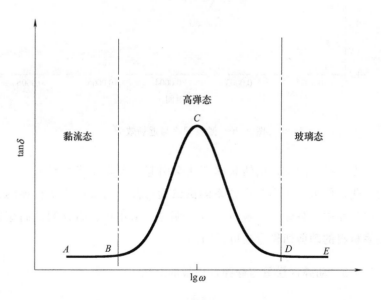

图 2.19　高聚物的内耗与频率的关系

中间频域时，链段运动跟不上外力的变化，内耗在一定频率呈现先升后降的态势，而试验选取的激发频率应在其下降段（CD段），即在这个频率段内频率越高，高分子材料的力学松弛行为（内耗）越小，传播速度越快。

② 降低频率使近场效应变得显著，导致剪切波前端部分被下拉（图2.20），使得传播时间增加，剪切波速变小。

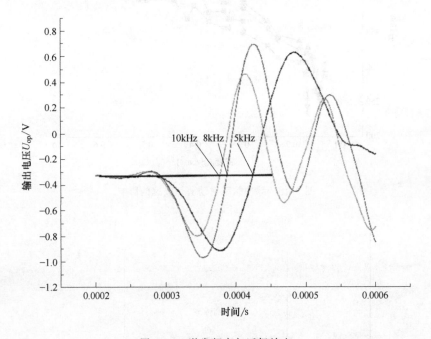

图 2.20　激发频率与近场效应

需要指出的是，虽然频率变化会引起高聚物注浆材料剪切波速的变化，但由2.4小节中频率测试试验可知，高聚物注浆材料的频散现象在中、高频激发脉冲下并不明显，采用中、高频测试高聚物注浆材料的动剪切模量是可行的。

2.5.3.3　动弹性模量与静弹性模量的对比

由材料力学理论可知

$$E_{\max} = G_{\max} \times 2(1+\nu) \tag{2.4}$$

式中，$E_{\max}$ 为动弹性模量，MPa；ν 为动泊松比。

由式（2.4）可计算高聚物注浆材料的动弹性模量。文献［136］和［137］研究了高聚物注浆材料静态弹性模量。文献［136］使用无侧限抗压强度试验研究了 $\phi40\text{mm}\times40\text{mm}$［图 2.21 中的静弹性模量（1）］和 $\phi40\text{mm}\times80\text{mm}$［图 2.21 中的静弹性模量（2）］的高聚物圆柱体试件静弹性模量，但只在低密度范围内进行了研究（0～0.25g/cm^3）；文献［137］也使用无侧限抗压强度试验研究了 $\phi150\text{mm}\times300\text{mm}$ 的高聚物圆柱体试件静弹性模量［图 2.21 中的静弹性模量（3）］，覆盖了低、中、高密度区间（0～0.78g/cm^3）。

从图 2.21 可以看出：本书采用弯曲元测试技术取得的动弹性模量与文献［136］和［137］用无侧限抗压强度试验取得的静弹性模量在数值上差别不大，但采用弯曲元技术得出的动弹性模量数据更稳定，规律性好，而文献［136］和［137］得出的静弹性模量差异性较大，特别是文献［137］在高密度区间数据突变、跳跃。这与两种试验方法的不同以及高分子材料的能量吸收特性等问题相关。首先，本书采用的弯曲元测试技术是一种无损检测的方法，对材料扰动小，数据稳定且可进行大规模重复；文献［136］和［137］均采用了无侧限抗压强度获取静弹性模量，Kurauchi[147] 曾提出，泡沫塑料吸收能量类似延性材料，在压缩时是一层层进行的，这种机制允许材料重复吸收应变能，导致了高能量吸收，在脆性泡沫上体现得尤其明显。文献［136］和［137］的试验方法使得材料进行了一种高能量吸收机制，并且高聚物注浆材料在高密度范围（0.4～0.8g/cm^3）内是典型的脆性材料，使得文献［137］的试验方法在高密度范围内弹性模量数据呈现跳跃、突变。

将试验得出的动弹性模量利用式（2.3）换算成与文献［137］和［138］相同密度下的数值，其对比见表 2.6。

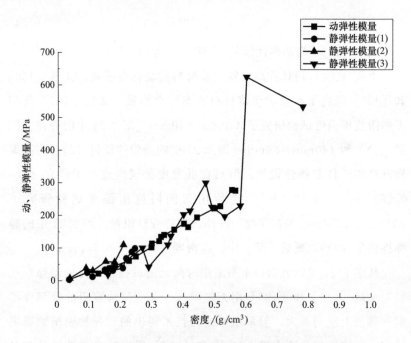

图 2.21　高聚物注浆材料动弹性模量与静弹性模量的对比

表 2.6　高聚物注浆材料动、静弹性模量对比

项目	密度 /(g/cm³)	动弹性模量 E_d/MPa	静弹性模量 E_s/MPa	动、静弹性 模量比值
静弹性 模量(1)	0.035	0.846	3.153	0.268
	0.093	0.846	25.110	0.034
	0.110	6.370	12.471	0.511
	0.154	30.673	27.357	1.121
	0.175	42.273	31.099	1.359
	0.207	59.948	38.867	1.542
	0.218	66.024	68.197	0.968
	0.236	75.966	87.967	0.864
	0.246	81.489	98.628	0.826

续表

项目	密度 /(g/cm³)	动弹性模量 E_d/MPa	静弹性模量 E_s/MPa	动、静弹性 模量比值
静弹性 模量(2)	0.037	0.846	7.311	0.116
	0.0894	0.846	38.325	0.022
	0.111	6.922	30.866	0.224
	0.153	30.121	59.014	0.510
	0.181	45.587	56.706	0.804
	0.209	61.052	110.073	0.555
静弹性 模量(3)	0.16	33.987	18.235	1.864
	0.27	94.746	100.298	0.945
	0.29	105.793	41.863	2.527
	0.35	138.934	109.409	1.270
	0.36	144.457	136.761	1.056
	0.4	166.551	202.728	0.822
	0.42	177.598	213.969	0.830
	0.47	205.216	299.556	0.685
	0.49	216.263	225.069	0.961
	0.53	238.357	196.935	1.210
	0.58	265.974	229.758	1.158
	0.60	277.021	624.076	0.444
	0.78	376.445	533.367	0.706

注：静弹性模量 (1)～(3) 分别指图 2.21 中的数据。

根据表 2.6 的试验数据，去除离散性较大的数据，将文献 [137] 和试验得出的数据应用最小二乘法，进行多项式拟合，得到高聚物注浆材料动、静弹性模量的二次多项式函数关系，见图 2.22。

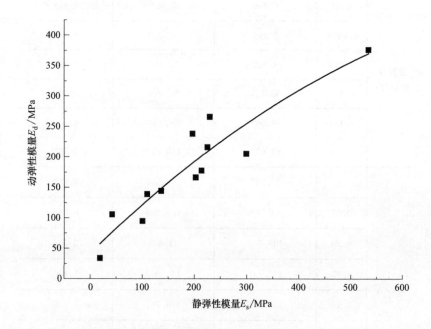

图 2.22　高聚物注浆材料动、静模量关系

关系式为

$$E_d = 42.411 + 0.829 E_s - (4.033 \times 10^{-4}) E_s^2 \qquad (2.5)$$

式中，E_d 为高聚物注浆材料动弹性模量，MPa；E_s 为高聚物注浆材料静弹性模量，MPa。

2.5.3.4　高聚物注浆材料动剪切模量与粉质黏土的动剪切模量对比

采用弯曲元设备测试防渗墙土石坝动力离心试验粉质黏土的动剪切模量。测试方法为：按筑坝相同压实度制作土样，在土样中

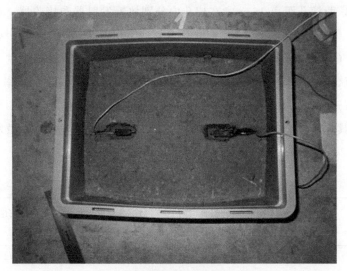

(a) 安放发射器和接收器

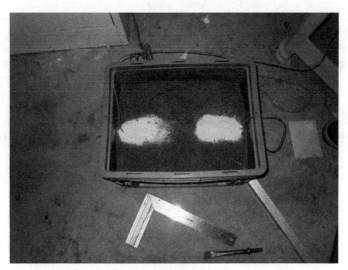

(b) 槽孔撒砂

图 2.23　试验用粉质黏土弯曲元测试

开槽，两槽孔距离 15cm，在槽孔内分别放置发射器和接收器，见图 2.23（a）；安放完成后，在槽孔内撒上标准砂固定传感器，见图 2.23（b）。浙江大学软弱土与环境土工教育部重点实验室经过大量试验认为：对于粉质黏土来说，选取单周期正弦波、激发频率 2～5kHz 进行弯曲元相关试验，既易操作，弯曲元试验确定的剪切波速又不具弥散性。结合试验的可操作性，选取单周期正弦波、激发频率为 2kHz、3kHz、4kHz 进行测试，测试结果见表 2.7。

表 2.7　试验用粉质黏土弯曲元测试结果

密度/(g/cm^3)	频率/kHz	传播时间/μs	系统延时/μs	剪切波速/(m/s)
1.92	2	1270	24	120.39
	3	1220	24	125.42
	4	1190	24	128.65

经计算粉质黏土的动剪切模量为 29.91MPa。工程上常用的高聚物注浆材料密度为 0.1～0.3g/cm^3，动剪切模量在 46MPa 以下，平均为 23MPa，两者动模量十分相近。而混凝土防渗墙常用的 C25 混凝土动模量一般在 2000MPa 以上，可以预期：在地震作用下，与传统刚性防渗墙——混凝土防渗墙相比，由高聚物注浆材料所构建的高聚物防渗墙和坝体更能实现协调变形。

2.6　本章小结

① 首次将压电陶瓷弯曲元测试技术引入高聚物注浆材料小应变动剪切模量 G_{max} 测试中。弯曲元波速测试技术试验简单、原理明了兼之无损测试又可大规模地重复测量，为高聚物注浆材料提供了一种新的动模量室内试验方法。

② 进行高聚物注浆材料弯曲元波速测试时，尽可能采用中、高频脉冲电压，减少剪切波速的弥散性，获取一致性较好的数据；选用单周期正弦波可减少测试时的近场效应和过冲现象；通过测试系统延时可得到传播时间的初值，以便准确测定剪切波的传播时间。

③ 高聚物注浆材料密度越大，动剪切模量越大、材料的整体刚度越大，且密度和动剪切模量基本呈现线性关系；在相同密度条件下弯曲元脉冲频率越高，剪切波速越大，反映了其内耗与频率的关系；高聚物注浆材料模量和其试验方法、吸能机制等因素相关，且其动、静模量呈现二次多项式函数关系。试验得出的高聚物注浆材料动力特性为其动力反应分析和工程应用提供理论依据与参考。

④ 将实际筑坝材料——粉质黏土和高聚物防渗墙材料进行对比发现，两者动模量相近。可以预期：在地震作用下，与传统刚性防渗墙——混凝土防渗墙相比，由高聚物注浆材料所构建的高聚物防渗墙和坝体更能实现协调变形。

第3章 基于原型材料防渗墙的土石坝动力离心试验研究

3.1 概述

结构地震反应是地震引起的结构振动，它包括地震在结构中引起的速度、加速度、位移和内力等，比结构的静力分析要复杂得多。因为结构的地震反应不仅与地震作用的大小及其随时间的变化特性有关，而且还取决于结构本身的动力特性，即结构的自振周期和阻尼等。然而，地震时地面的运动是一种很难确定的随机过程，运动极不规则，而建筑结构又是一个由各种不同构件组成的空间体系，其动力特性也十分复杂。因此，地震引起的结构振动实际上是一种很复杂的空间振动。

结构地震响应试验方法主要有现场试验和模型试验两种。现场试验是直接、有效的方法，然而地震破坏性大、偶然因素多、可实现性差，很难捕捉到有效的数据。室内模型试验可弥补现场试验的不足，它以相似理论为基础，通过研究模型的响应，推至原型，得出反映本质的规律。并且室内模型试验结构尺寸小、节约人力和物力、数据采集精确，可实现多种工况的模拟，为无法进行现场试验或难以用理论分析的研究领域提供了很好的途径。

离心机振动台模型试验是近年来迅速发展起来的一项高新技术，因其能够真实模拟原型应力场，反映土体在实际应力条件下的动力特性，被公认为是研究岩土工程地震问题有效、先进的研究方法和试验技术[148~150]。目前该技术已在土石坝地震破坏机理、抗震设计计算、数值模型验证等方面显示出巨大的优越性，并取得良好的效果[151,152]，已成为验证检验计算理论、计算模型、计算方法和研究地震响应分析的主要方式。

3.2　试验设备

本书介绍的动力离心试验依托于浙江大学软弱土与环境土工教育部重点实验室而开展，这里建成了具有国际先进水平的 ZJU-400 超重力离心模拟实验基地，为试验的开展提供了设备和基地。

3.2.1　土工离心机

ZJU-400 土工离心机（图 3.1）采用德国西门子驱动控制技术，通过双闭环调速方式实现离心机加速度控制；采用动、静态双吊篮设计，提高了使用的灵活性；动态数采使用 80 通道全速采集及高清视频实时通信，其主要技术指标如下所示。

最大容量：$400g \cdot t$　　最大加速度：$150g$

有效旋转半径：$4.5m$　　加速度稳定度：$\leqslant \pm 0.5\% F.S$

动态数采：80 通道　　静态数采：40 通道

光纤滑环：4 通道　　吊篮有效容积：$1.5m \times 1.2m \times 1.5m$

3.2.2　离心机振动台

ZJU 液压伺服振动台（图 3.2）是浙江大学与日本 Solution 公司

图 3.1　ZJU-400 离心机主体

联合研制的，由激振系统、高压油源、蓄能器、管路系统、控制系统和测试系统等组成，能实现水平单向振动。其主要技术指标如下所示。

图 3.2　ZJU 液压伺服振动台

最大加速度：$40g$　　　　最大离心加速度：$100g$

最大速度：188cm/s　　　最大位移：$\pm6\text{mm}$

有效频率范围：$10\sim200\text{Hz}$　　最大负载质量：500kg

有效施振持时：3s

3.3　试验原理

3.3.1　离心模型基本原理

常规的模型试验是在 $1g$ 重力场内进行研究的，受模型尺寸和时间限制，较难得出原型的整体情况或较长时间的运行状况。若将模型置于 N 倍重力场，借助离心力场弥补因尺寸缩小而损失掉的自重，可使模型中某点自重提升到与原型对象点等量的程度。

根据近代相对论，牛顿力与惯性力是等效的。模型内任意一点所产生的应力应与原型对应点所产生的应力相同，包括总应力 σ、孔隙水压力 u 及有效应力 σ'，因此可推得式（3.1），式中，H 表示原型；M 表示模型。

$$\left.\begin{array}{l}\sigma_H=\sigma_M\\\sigma'_H=\sigma'_M\\u_H=u_M\end{array}\right\} \tag{3.1}$$

自重应力可表达为式（3.2）。

$$\left.\begin{array}{l}\sigma_H=\gamma_H h_H\\\sigma_M=\gamma_M h_M\end{array}\right\} \tag{3.2}$$

式中，γ 为重度，N/m^3；h 为深度，m。

将式（3.2）代入式（3.1），可得

$$\gamma_M=\frac{h_H}{h_M}\gamma_H \tag{3.3}$$

几何相似比例为 $N = h_{\mathrm{H}}/h_{\mathrm{M}}$，故

$$\gamma_{\mathrm{M}} = N\gamma_{\mathrm{H}} \qquad (3.4)$$

如果模型材料和原材料相同，原型和模型重度 γ 保持不变，由重力场和离心力场的物理守恒性有

$$\left.\begin{array}{l} \gamma_{\mathrm{M}} = \rho a_{\mathrm{M}} \\ \gamma_{\mathrm{H}} = \rho g \end{array}\right\} \qquad (3.5)$$

将式（3.5）代入式（3.4），得

$$a_{\mathrm{M}} = N_g \qquad (3.6)$$

因此，当重力加速度增加至 N_g 时，模型尺寸可缩小为原型的 $1/N_g$。即利用高速旋转离心机，在模型上施加 N_g 倍重力的离心惯性力，补偿模型因缩小 $1/N_g$ 造成的自重应力损失，就可达到与原型相同的应力水平，在模型中重现结构的性状，观察结构可能发生的变形与破坏。

3.3.2 离心模型试验相似原理

采用离心模型试验，首要的问题就是解决模型和原型之间的转化，建立模型和原型的联系。本书采用 Bockinghamπ[153] 定理进行相似比分析。设某物理过程含有 n 个参数。

$$f(x_1, x_2, \cdots, x_n) = 0 \qquad (3.7)$$

其中 k 个物理量的量纲是独立的，则式（3.7）可改写成

$$\varphi(\pi_1, \pi_2, \cdots, \pi_{n-k}) = 0 \qquad (3.8)$$

任一个物理过程都可用无量纲数 π 来定义，模型和原型相似时 π 是相等的，从而确定相似规律。以长度 $[L]$、加速度 $[a]$、密度 $[\rho]$、弹性模量 $[E]$ 为基本控制物理量，常见物理量相似关系见表 3.1。

表 3.1 常见物理量相似关系（原型/模型）

项目	物理量	$[L]$、$[a]$、$[\rho]$、$[E]$ 量纲系统	相似常数
几何特性	几何尺寸 l	$[L]$	C_l
	面积 S	$[L]^2$	$C_S = C_l^2$
	惯性矩 I	$[L]^4$	$C_I = C_l^4$
材料特性	质量密度 ρ	$[\rho]$	C_ρ
	弹性模量 E	$[E]$	C_E
	质量 m	$[\rho][L]^3$	$C_m = C_\rho C_l^3$
	黏聚力 c	$[\rho][L][a]$	$C_c = C_\rho C_l C_a$
	内摩擦角 φ	1	C_φ
	抗弯刚度 EI	$[E][L]^4$	$C_{EI} = C_E C_l^4$
	抗压刚度 EA	$[E][L]^2$	$C_{EA} = C_E C_l^2$
动力特性	输入振动加速度 a	$[a]$	C_a
	重力加速度 g	$[a]$	$C_g = C_a$
	力 F	$[\rho][L]^3[a]$	$C_F = C_\rho C_l^3 C_a$
	线荷载 p	$[\rho][L]^2[a]$	$C_p = C_\rho C_l^2 C_a$
	弯矩、扭矩 M	$[\rho][L]^4[a]$	$C_M = C_\rho C_l^4 C_a$
	输入振动时间 t	$[L]^{1/2}[a]^{-1/2}$	$C_t = (C_l/C_a)^{1/2}$
	振动频率 f	$[L]^{-1/2}[a]^{1/2}$	$C_f = (C_a/C_l)^{1/2}$
	动力反应线位移 u	$[L]$	$C_u = C_l$
	动力反应速度 v	$[L]^{1/2}[a]^{1/2}$	$C_v = (C_a C_l)^{1/2}$
	动力反应加速度 A	$[a]$	$C_A = C_a$
	动力反应应力 σ	$[\rho][L][a]$	$C_\sigma = C_\rho C_l C_a$
	动力反应应变 ε	$[\rho][L][a]/[E]$	$C_\varepsilon = C_\rho C_l C_a / C_E$
	动力反应变形 d	$[\rho][L]^2[a]/[E]$	$C_d = C_\rho C_l^2 C_a / C_E$

3.4 防渗墙土石坝非等应力模型相似关系设计

在离心试验的发展史上，初期的模型一般做得都较小，对离心机的容量没有过多的要求。随着结构物的不断扩大，离心机已经不能模拟完整的原型，如高心墙堆石坝坝高已接近或超过 300m，缩尺后的模型对离心机提出了更高的要求，在离心设备还未发展到能满足巨大结构的时候，小比尺离心模型理论应运而生[154]。本书原型/模型的几何比尺 C_l 为 1/100，受试验条件所限，离心机运转的加速度比尺 C_g 为 50g，这种不对等的动力离心模型为非等应力离心模型。以小比尺离心模型理论为基础，从应力-应变关系的相似特性出发，得到非等应力离心模型与原型的相关关系，见表 3.2。

表 3.2　防渗墙土石坝相似关系

项目	物理量	量纲系统	相似常数	数值
几何特性	几何尺寸 l	$[L]$	C_l	1×100^{-2}
	面积 S	$[L]^2$	$C_S=C_l^2$	1×10^{-4}
	惯性矩 I	$[L]^4$	$C_I=C_l^4$	1×10^{-8}
材料特性	质量密度 ρ	$[\rho]$	C_ρ	1
	弹性模量 E	$[E]$	C_E	1
	质量 m	$[\rho][L]^3$	$C_m=C_\rho C_l^3$	1×10^{-6}
	黏聚力 c	$[\rho][L][a]$	$C_c=C_\rho C_l C_a$	1
	内摩擦角 φ	1	C_φ	1
	抗弯刚度 EI	$[E][L]^4$	$C_{EI}=C_E C_l^4$	1×10^{-8}
	抗压刚度 EA	$[E][L]^2$	$C_{EA}=C_E C_l^2$	1×10^{-4}

续表

项目	物理量	量纲系统	相似常数	数值
动力特性	重力加速度 g	$[a]$	C_g	50
	输入振动加速度 a	$[a]$	$C_a=(C_g/C_l)^{1/2}$	70.7
	力 F	$[\rho][L]^3[a]$	$C_F=C_\rho C_l^3 C_a$	7.07×10^{-5}
	线荷载 p	$[\rho][L]^2[a]$	$C_p=C_\rho C_l^2 C_a$	7.07×10^{-3}
	弯矩、扭矩 M	$[\rho][L]^4[a]$	$C_M=C_\rho C_l^4 C_a$	7.07×10^{-7}
	输入振动时间 t	$[L]^{1/2}[a]^{-1/2}$	$C_t=(C_l/C_a)^{1/2}$	1.19×10^{-2}
	振动频率 f	$[L]^{-1/2}[a]^{1/2}$	$C_f=(C_a/C_l)^{1/2}$	84.08
	动力反应线位移 u	$[L]$	$C_u=C_l$	1×10^{-2}
	动力反应速度 v	$[L]^{1/2}[a]^{1/2}$	$C_v=(C_l C_a)^{1/2}$	0.84
	动力反应加速度 EI	$[a]$	$C_{EI}=C_a$	70.7
	动力反应应力 σ	$[\rho][L][a]$	$C_\sigma=C_\rho C_l C_a$	0.71
	动力反应应变 ε	$[\rho][L][a]/[E]$	$C_\varepsilon=C_\rho C_l C_a/C_E$	0.71
	动力反应变形 d	$[L]$	$C_d=C_l$	1×10^{-2}

3.5　模型的设计与制作

3.5.1　模型箱

　　模型箱是开展离心机振动台试验的基本设备，ZJU-400 超重力离心模拟实验基地配有刚性模型箱和层状剪切模型箱。刚性模型箱由高强度的螺栓将铝合金板连接而成，整体刚度大，但地震波会在边界上产生反射，形成"模型箱边界效应"[155]；层状剪切模型箱由铝合金框叠合而成，各层框架之间安装滚动轴承限制箱体竖向和侧向运动，可模拟土体剪切变形[156]。本次试验选用刚性模型箱，内部净尺寸（长度×宽度×高度）为 770mm×400mm×530mm。为便于观测，模型箱一侧安装有机玻璃板，尺寸（长度×高度×厚度）为 650mm×300mm×20mm。刚性模型箱见图 3.3。

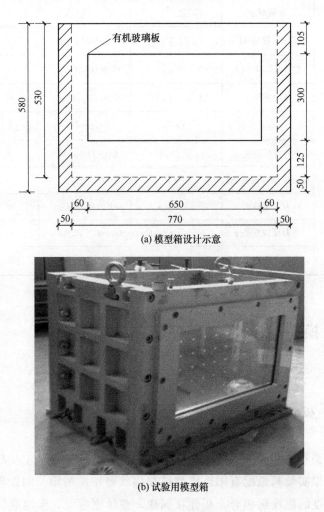

(a) 模型箱设计示意

(b) 试验用模型箱

图 3.3　刚性模型箱

　　由于刚性模型箱会产生较强的地震波反射，需在边壁上安装吸能材料，设计了如图 3.4 所示的油泥板来吸收边界波。油泥板采用有机玻璃制作，为防止油泥在高速运转的过程变形、下沉，板内设 3 根肋条，隔成 6 小格，均匀填入油泥材料。

(a) 有机玻璃模具

(b) 油泥板

图 3.4　刚性模型箱油泥板

3.5.2　原型材料防渗墙土石坝模型的设计与制作

为对比，进行高聚物防渗墙土石坝离心机振动台试验和混凝土防渗墙土石坝离心机振动台试验。两组试验共涉及 3 种结构：土石坝模型、高聚物防渗墙模型和混凝土防渗墙模型，3 种结构均采用原型材料制作。

3.5.2.1　土石坝模型

试验原型为信阳九龙水库坝，大坝位于信阳市罗山县九龙河，是一座以防洪、灌溉为主的小（1）型水库，工程等级为 Ⅳ 等，主要建筑物为 4 级。根据《中国地震动参数区划图》（GB 18306—2015），九龙水库工程区动峰值加速度为 $0.1g$，相当于地震基本烈度 Ⅶ 度。主坝为均质土石坝，坝顶长 240m，坝顶高程为 68.94～69.04m，上、下游坝坡为 1：2.73，坝顶宽度为 3.00～7.50m。主坝、坝基由重粉质壤土、细砂及云母石英片岩组成，渗透系数为 1.6×10^{-6}～8.9×10^{-5}cm/s，平均为 2.6×10^{-5}cm/s，具微至弱透水性，工程地质条件较好。为防渗堵漏，采用高聚物注浆技术构筑防渗墙，坝顶高程为 77.15m，坝基高程为 62.15m，高聚物防渗墙深入地基 2m，防渗墙高度为 17m，沿坝轴线总长 215m，见图 3.5。

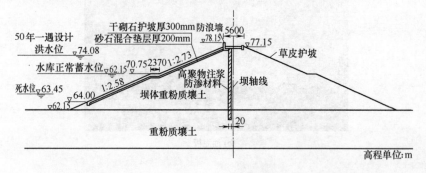

图 3.5　信阳九龙水库坝高聚物防渗墙设计示意

　　动力离心试验的几何相似比 C_l 为 1∶100，受模型箱尺寸的限制，土石坝模型略有调整：设计坝高为 15cm，坝基厚为 15cm，坝顶宽为 5cm，坝底宽为 73cm，上、下游坝坡为 1∶2.3，防渗墙高为 17cm，深入坝基 2cm。两组模型示意见图 3.6。

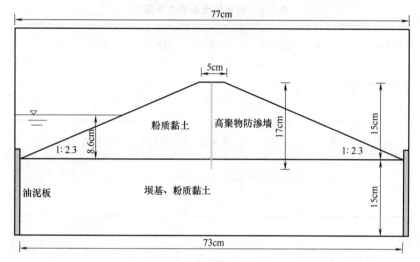

(a) 高聚物防渗墙土石坝模型

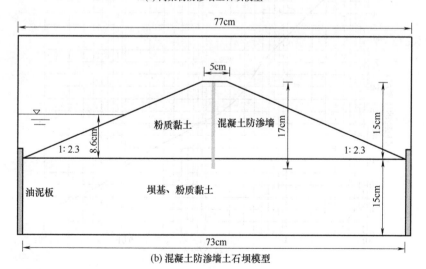

(b) 混凝土防渗墙土石坝模型

图 3.6　两组模型设计示意

为真实反映原型坝地震响应特征，选用原型材料相似的粉质黏土制作坝体和坝基。试验用土选用坝址附近某工地基坑 2 层粉质黏土，经相关物理力学性质试验，其性能满足试验要求。粉质黏土物理力学指标列表 3.3，土样级配曲线见图 3.7。

表 3.3 粉质黏土物理力学指标

相对密度 G_s	含水量 $\omega/\%$	湿重度 γ $/(kN/m^3)$	干重度 γ_d $/(kN/m^3)$	饱和度 S_r	孔隙比 e	渗透系数 $k/(cm/s)$
2.7	21	19.5	16.1	93.5	0.804	2.3×10^{-5}

液限 $w_p/\%$	塑限 $I_p/\%$	最优含水量/%	黏聚力 c/kPa	内摩擦角 $\varphi/(°)$	弹性模量 E/MPa	泊松比 ν
34.3	20.6	18	22.2	11.3	37.2	0.35

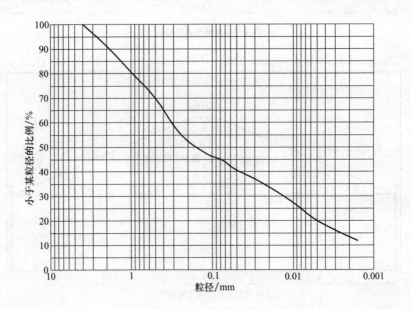

图 3.7 土样级配曲线

3.5.2.2　高聚物防渗墙模型

（1）高聚物防渗墙模型厚度设计

本次试验几何相似比为 $C_l = 100$，即模型尺寸是原型尺寸的 1/100。高聚物防渗墙作为一种超薄连续墙，在实际工程中厚度只有 2～3cm，换算成模型墙厚度仅为 0.2～0.3mm，这种厚度的墙体在目前工艺条件下难以制作。

单因素方差分析是统计学方法，研究一个控制变量的不同水平是否对观测变量产生显著影响。由于仅研究单个因素对观测变量的影响，因此称为单因素方差分析，其基本分析步骤如下。

① 提出原假设：H_0 为无差异；H_1 为有显著差异。

② 选择检验统计量：采用 F 统计量，即 F 值检验。

③ 计算检验统计量的观测值和概率 P 值。

④ 给定显著性水平，并做出决策。

利用单因素方差分析方法研究高聚物防渗墙厚度变化对其地震响应的影响，为模型尺寸的设计提供理论参考。分析时，选取墙体厚度为单个因素，选取墙体地震响应（加速度、应力）为观测变量。采用有限元动力分析方法，为简化处理，该模型未考虑坝基作用。输入 $0.4g$ 的 EL-Centro 波，变化高聚物防渗墙墙体厚度为 0.2cm、2cm 和 4cm，即墙体厚度分别为正常厚度的1/10、1 倍及 2 倍时，观测墙体水平、竖向加速度和墙体拉应力、压应力及概率值，考察其影响。

① 不同墙体厚度对水平加速度的影响。

采用有限元动力分析方法计算不同厚度高聚物防渗墙墙体水平加速度，结果见图 3.8。

对计算结果进行统计分析，见表 3.4，其单因素方差分析见表 3.5。

表 3.5 方差分析中，SS 表示平方和，MS 表示均方，F 是组间均方与组内均方的比例，p-value 表示在相应 F 值下的概率值，F crit 是在相应显著水平下的 F 临界值。在统计分析上可以通过 p-value

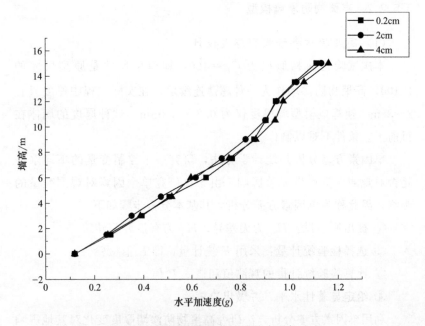

图 3.8　不同厚度高聚物防渗墙水平加速度

表 3.4　不同厚度高聚物防渗墙水平加速度统计分析

组	观测数	求和	平均	方差
列 1	11	7.548	0.686	0.106
列 2	11	7.362	0.669	0.112
列 3	11	7.629	0.694	0.118

表 3.5　不同厚度高聚物防渗墙水平加速度单因素方差分析

差异源	SS	df	MS	F	p-value	F crit
组间	0.003	2	0.002	0.015	0.985	3.316
组内	3.365	30	0.112			
总计	3.368	32				

的大小来判断组间的差异显著性，通常情况下，小于等于 0.01 时有极显著差异，大于 0.05 时没有显著差异，介于两者之间时有显著差异。

a. p-value$>\alpha=0.05$，假设成立，无影响。

b. $F=0.015<F\ crit=3.316$，接受原假定。

② 不同墙体厚度对竖向加速度的影响。

采用有限元动力分析方法计算不同厚度高聚物防渗墙墙体竖向加速度，其结果见图 3.9。

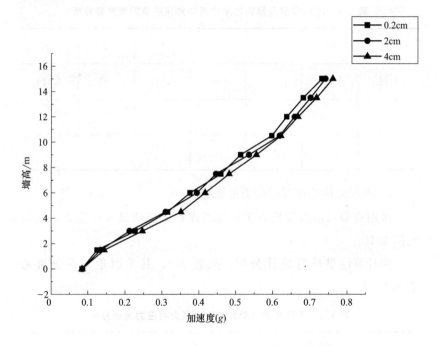

图 3.9　不同厚度高聚物防渗墙竖向加速度

对计算结果进行统计分析，见表 3.6，其单因素方差分析见表 3.7。

a. p-value$>\alpha=0.05$，假设成立，无影响。

b. $F=0.042<F\ crit=3.316$，接受原假定。

表 3.6　不同厚度高聚物防渗墙竖向加速度统计分析

组	观测数	求和	平均	方差
列 1	11	4.745	0.431	0.050
列 2	11	4.834	0.439	0.054
列 3	11	5.046	0.459	0.053

表 3.7　不同厚度高聚物防渗墙竖向加速度单因素方差分析

差异源	SS	df	MS	F	p-value	F crit
组间	0.004	2	0.002	0.042	0.959	3.316
组内	1.573	30	0.052			
总计	1.577	32				

③ 不同墙体厚度对拉应力的影响。

采用有限元动力分析方法计算高聚物防渗墙最大拉应力,结果见图 3.10。

对计算结果进行统计分析,见表 3.8,其单因素方差分析见表 3.9。

表 3.8　不同厚度高聚物防渗墙最大拉应力统计分析

组	观测数	求和	平均	方差
列 1	11	557.900	50.718	741.914
列 2	11	625.700	56.882	825.446
列 3	11	746.550	67.868	1107.291

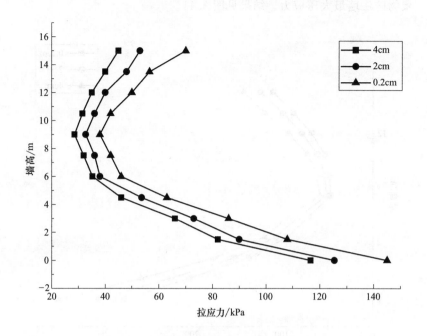

图 3.10 不同厚度高聚物防渗墙最大拉应力

表 3.9 不同厚度高聚物防渗墙最大拉应力单因素方差分析

差异源	SS	df	MS	F	p-value	F crit
组间	1660.315	2	830.157	0.931	0.405	3.316
组内	26746.504	30	891.550			
总计	28406.819	32				

a. p-value>α=0.05，假设成立，无影响。

b. F=0.931<F crit=3.316，接受原假定。

④ 不同墙体厚度对压应力的影响。

采用有限元动力分析方法计算 0.4g EL-Centro 波下不同厚度高

聚物防渗墙最大压应力，结果见图 3.11。

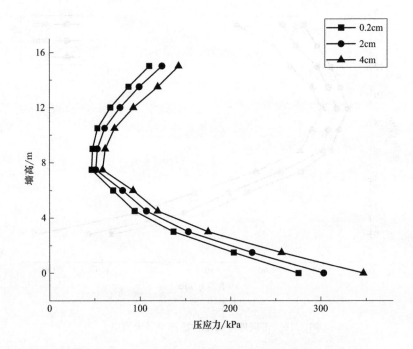

图 3.11 不同厚度高聚物防渗墙最大压应力对比

对数值模拟结果进行统计分析，见表 3.10；利用统计数据进行单因素方差分析，见表 3.11。

表 3.10 不同厚度高聚物防渗墙最大压应力统计分析

组	观测数	求和	平均	方差
列 1	11	1192.124	108.3749	5202.393
列 2	11	1334.512	121.3193	6208.581
列 3	11	1537.192	139.7447	8034.058

表 3.11　不同厚度高聚物防渗墙最大压应力单因素方差分析

差异源	SS	df	MS	F	p-value	F crit
组间	5467.424	2	2733.712	0.422	0.660	3.316
组内	194450.316	30	6481.677			
总计	199917.740	32				

a. p-value$>\alpha=0.05$，假设成立，无影响；

b. $F=0.422<$ F crit$=3.316$，接受原假定。

对不同厚度高聚物防渗墙地震响应进行单因素方差分析，结果如下：4 个观测变量（墙体水平加速度、竖向加速度、最大拉应力和最大压应力）p-value 均大于显著性水平 $\alpha=0.05$，不存在显著性差异，即原假设成立，认为单一因素（高聚物防渗墙厚度）在 $[1/10\lambda，2\lambda]$ 范围内的变化不影响因变量（高聚物防渗墙地震响应）的数值。根据上述分析结果，综合考虑制模难度，将高聚物防渗墙模型的厚度设计为 2～3mm。

（2）高聚物防渗墙模型模具

高聚物注浆材料为双组分液体，高压注射且混合后有较强的膨胀力，因此选用钢材制作模具。设计如图 3.12 所示的模具：上下两块对称的正方形钢板，厚约 3cm，边长为 60cm，上钢板正中心预留注浆孔，下钢板四边粘 2mm 厚的石棉板条控制墙体厚度，上下钢板四边留有螺栓孔。

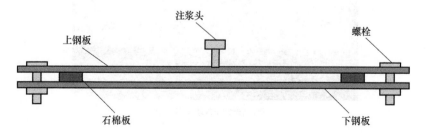

图 3.12　高聚物防渗墙模型制作模具示意

　　注浆前，在注浆钢板内侧涂抹润滑脂并粘贴牛皮纸以便脱模，注浆时拧紧螺栓，达到规定枪数后迅速停止并封堵注浆孔，2h 后拆模、裁剪并计算墙体密度。高聚物防渗墙模型制作见图 3.13。经测试，试验用高聚物防渗墙材料参数见表 3.12。

(a) 注浆

(b) 高聚物防渗墙模型

图 3.13　高聚物防渗墙模型制作

表 3.12　试验用高聚物防渗墙材料参数

密度 $\rho/(\text{g/cm}^3)$	动弹性模量 E/MPa	泊松比 ν	渗透系数 $k/(\text{cm/s})$
0.26	89.22	0.2	1×10^{-8}

3.5.2.3　混凝土防渗墙模型

混凝土防渗墙模型设计包括：微粒混凝土配合比及粗细骨料设计，混凝土防渗墙模型专用模具设计。

（1）微粒混凝土配合比及粗细骨料设计

混凝土防渗墙原型的粗骨料颗粒过大，不便采用原配比，需重新设计一种离心模型专用的微粒混凝土。微粒混凝土由几种微细骨料按一定配比组成，与单独采用一种砂的砂浆混凝土有本质的区别，它可以做成与混凝土完全相似的模型结构，其力学性能与采用同样水泥用量的原型结构混凝土极其相近，反映原型混凝土结构的动力性能。

根据土工离心模型试验基本原理，模型混凝土配比参照《普通混凝土配合比设计规程》（JGJ 55—2000）设计，基本设计方法和步骤如下所述。

① 计算配比强度和水灰比。

为提高混凝土的保证率，配制强度 $f_{\text{cu,0}}$ 应高于标准强度或设计强度，试验选用 C25 强度的混凝土，按式（3.9）计算配比强度，表3.13 为不同强度的混凝土 σ 值。

$$f_{\text{cu,0}} = f_{\text{cu,k}} + 1.645\sigma = 33.23\text{MPa} \tag{3.9}$$

式中，$f_{\text{cu,k}}$ 为混凝土立方体抗压强度标准值，即设计强度值，MPa；σ 为混凝土标准差，MPa。

表 3.13　不同强度的混凝土 σ 值

强度等级	C10～C20	C25～C40	C50～C60
σ/MPa	4.0	5.0	6.0

在求得混凝土配制强度 $f_{cu,0}$ 后可按照式（3.10）计算水灰比 W/C。

$$W/C = \frac{\alpha_a f_{ce}}{f_{cu,0} + \alpha_a \alpha_b f_{ce}} = 0.49 \qquad (3.10)$$

式中，α_a、α_b 为回归系数，按表 3.14 取值；f_{ce} 为水泥 28d 抗压强度实测值，MPa。

表 3.14 回归系数 α_a、α_b 值

系数	碎石	卵石
α_a	0.46	0.48
α_b	0.07	0.33

设计微粒混凝土水灰比为 0.5。当无水泥 28d 强度实测值时，式（3.10）中的 f_{ce} 可按式（3.11）确定。

$$f_{ce} = \gamma_c f_{ce,g} = 36.73\text{MPa} \qquad (3.11)$$

式中，γ_c 为水泥强度等级值的富余系数，无实际统计资料时，可近似取 1.13；$f_{ce,g}$ 为水泥强度等级值，MPa。

② 确定粗骨料品种、粒径和水、水泥用量。

混凝土粗骨料的品种主要有两种，即碎石和卵石。按照土工离心模型试验基本原理，粗骨料最大允许粒径 $d_{a_{max}}$ 不得大于混凝土构筑物模型截面最小尺寸的 1/4，否则会产生尺寸效应。混凝土防渗墙最小尺寸为 5mm，因此粗骨料采用粒径 1mm 以下的连续级配砂石，其级配曲线见图 3.14。

粗骨料的品种和最大允许粒径确定后，按照表 3.15 确定每立方米混凝土的用水量 m_w。若选用的粗骨料最大粒径小于 10mm 或位于表 3.15 中所列粒径之间，可用插值法确定其用水量。

通过插值法得到最大粒径 1mm 的碎石、90mm 坍落度的混凝土用水量为 243.5kg/m^3，水泥用量 m_c 按式（3.12）确定。

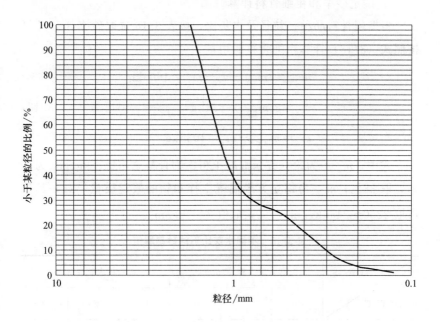

图 3.14 混凝土防渗墙粗骨料级配曲线

$$m_{\mathrm{c}}=\frac{m_{\mathrm{w}}}{W/C}=487\mathrm{kg} \qquad (3.12)$$

表 3.15 不同坍落度下的用水量

用水量/(kg/m³)	卵石最大粒径/mm			碎石最大粒径/mm		
坍落度/mm	10	20	31.5	10	20	31.5
10～30	190	170	160	200	185	175
35～50	200	180	170	210	195	185
55～70	210	190	180	220	205	195
75～90	215	195	185	230	215	205

③ 确定砂率和粗细骨料计算。

根据粗骨料品种、粒径及水灰比，按表 3.16 选取砂率 β_s，并可按照式（3.13）计算粗细骨料的用量 m_g 和 m_s。

$$m_{g+s} = m_{cp} - m_c - m_w = 1669 \text{kg}$$

$$m_s = \beta_s m_{g+s} = 634 \text{kg} \tag{3.13}$$

$$m_g = m_{g+s} - m_s = 1035 \text{kg}$$

式中，m_{g+s} 为每立方米混凝土粗、细骨料总用量，kg；β_s 为砂率，取 38%；m_{cp} 为每立方米混凝土拌和物的假定质量，kg，其值可取 $2350 \sim 2450 \text{kg/m}^3$，试验取值 2400kg/m^3。

表 3.16　不同水灰比下的砂率取值

砂率/%	卵石最大粒径/mm			碎石最大粒径/mm		
水灰比 W/C	10	20	40	10	20	40
0.4	26~32	25~31	24~30	30~35	29~34	27~32
0.5	30~35	29~34	28~33	33~38	32~37	30~35
0.6	33~38	32~37	31~36	36~41	35~40	33~38
0.7	36~41	35~40	34~39	39~44	38~43	36~41

细骨料选用福建标准砂，其级配曲线见图 3.15。微粒混凝土的配合比见表 3.17。

表 3.17　微粒混凝土的配合比

材料名称	水泥	水	砂	砂石
材料用量/(kg/m³)	487	243	634	1035

（2）混凝土防渗墙模型专用模具设计

选用有机玻璃制作模具，其模具设计如图 3.16 所示，两块有机

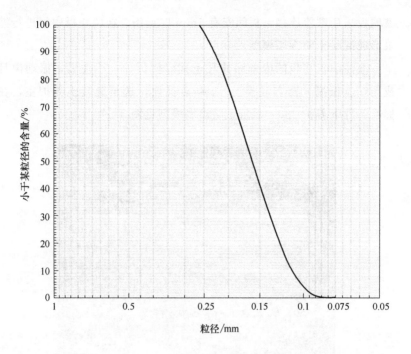

图 3.15 福建标准砂级配曲线

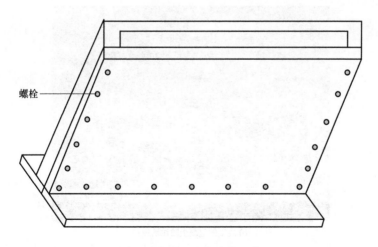

图 3.16 混凝土防渗墙模型模具

玻璃板采用螺栓连接，板间安有 5mm 厚夹条，在两块板中间进行灌浆形成混凝土防渗墙模型。

灌注前，在板的内壁涂抹凡士林以便拆模；灌注后，振动模具或用钢丝振捣，密实混凝土。48h 后拆模，送至混凝土养护室，在标准条件下养护 28d。混凝土防渗墙模型见图 3.17。

(a) 灌浆

(b) 成型的混凝土防渗墙模型

图 3.17　混凝土防渗墙模型

混凝土防渗墙材料指标见表 3.18。在工程应用中，一般要求混凝土防渗墙抗压强度大于 5MPa，弹性模量大于 2000MPa，抗渗等级达到 W4～W8。由表 3.18 可知，基于微粒混凝土的混凝土防渗墙模型满足试验要求。

表 3.18　混凝土防渗墙材料指标

密度 $\rho/(g/cm^3)$	抗压强度/MPa	动弹性模量/MPa	渗透系数 $k/(cm/s)$
2.1	16.48	2600	2.6×10^{-8}

3.5.2.4　渗透液体

由表 3.2 可知，不同状态下的离心机时间比尺不一样：动力离心时间比尺为 n，而渗透过程的时间比尺为 n^2，这就会产生两个时间比尺相互矛盾的问题，而寻求一种比水黏滞度高的液体来代替水进行渗透可有效解决上述问题。

甲基硅油无色、无味、不易挥发、不溶于水，具有卓越的电绝缘性和低的黏温系数，且其密度为 $0.96g/cm^3$，与水相近，因此被广泛应用于离心机试验里。本次动力离心试验 C_g 为 50，因此选择黏滞度是水黏滞度 50 倍的甲基硅油作为渗透液体，见图 3.18。

图 3.18　试验用甲基硅油

3.6 测试元件

土工离心模型试验测试的内容也较多，模型里会埋设一种或多种传感器，如孔压计、土压计、加速度计、温度计、位移计或应变计等。然而，由于模型置于高速旋转的离心机内，对传感器的精度和性能提出了更高的要求。《港口工程离心模型试验技术规程》（JTS/T 231—7—2013）对测试用传感器的选用提出了如下要求。

① 地基土层的土压力采用微型的土压力传感器测量，其尺寸不宜大于 $\phi15mm \times 4mm$，测量精度宜为 $\pm0.3\%F.S.$。

② 地基土层中不同深度处的孔隙水压力变化，采用微型孔隙水压力传感器测量，其尺寸不宜大于 $\phi5mm \times 10mm$，测量精度宜为 $\pm0.1\%F.S.$。

③ 对于地表沉降，采用差动变压器进行接触式测量，测量分辨率不宜小于 $0.1mm$；采用激光位移传感器进行非接触式位移测量，测量分辨率宜优于 $20\mu m$，即具有 $0.02mm$ 的分辨率。

④ 用于应变测量的应变片的平面尺寸不宜大于 $4mm \times 4mm$。

⑤ 加速度传感器用于离心模拟试验时，其频响指标不宜大于 $1ms$，测量精度宜为 $\pm3\%F.S.$。

本次试验内容包括测试墙体应变、坝体加速度、动土压力、动孔隙水压力及坝顶位移，因此使用的传感器包括应变片、加速度计、微型土压力计、微型孔隙水压力计及激光位移计等。根据《港口工程离心模型试验技术规程》（JTS/T 231—7—2013）对传感器的要求，甄选出动力离心试验中合格的、适用的传感器。

3.6.1　应变片

3.6.1.1　应变片粘贴方式

选用中航工业电测仪器股份有限公司制造的电阻式应变计，电阻值为（350.8±0.3）Ω，灵敏系数为 2.14±0.01。应变片的性能受温度的影响较大，采用如图 3.19 所示的惠斯通电桥粘贴方式可有效进行温度补偿，并精确测试应变变化。

单个应变片电阻值为 350Ω，搭接惠斯通电桥后，两处端口的阻值分别为 350Ω 和 262Ω，计算见下式。

$$R_{并}=\frac{350\Omega\times2}{2}=350\Omega \quad R_{串}=\frac{350\Omega\times(350\Omega\times3)}{350\Omega+1050\Omega}=262\Omega \quad (3.14)$$

根据式（3.14）可用万用表检测应变片粘贴的有效性及合理性。

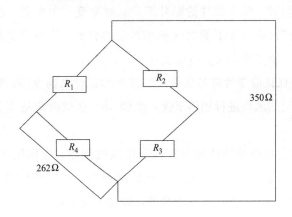

图 3.19　惠斯通电桥

3.6.1.2　应变片粘贴步骤

应变片粘贴是传感器制作的重要环节，应变片的粘贴质量直接影响数据测量的准确性。应变片粘贴的工序包括：试件的表面处理，应变片的粘贴、干燥，导线的焊接和固定，应变片的防潮处理及质量检验。

（1）准备工作

① 粘贴平面光滑、无划伤，面积应大于应变片的面积。

② 应变片应平整、无折痕，不能用手和不干净的物体接触应变片的底面。

③ 粘贴所需物品包括：电阻应变片、端子、烙铁、焊锡丝、硅胶、数字式万用表、台钳、镊子、专用夹具、热风机、棉签、应变计粘贴剂、丙酮、无水酒精等，部分物品见图3.20。

（2）粘贴步骤

① 用蘸有无水酒精和丙酮的棉签反复擦拭贴片部位，直至棉签不再变黑为止，确保贴片部位清洁。

② 在贴片部位和应变片的底面上均匀地涂上应变计粘贴剂，待粘贴剂变稠后，贴在试件的贴片部位。在应变片上覆盖一层聚氯乙烯薄膜，挤出应变片下面的气泡和多余的胶水，直到应变片与试件紧密粘合，使用专用夹具将应变片和试件夹紧。

③ 为保证应变片有足够的黏结强度和试件共同变形，需进行干燥处理，用热风机进行加热干燥，烘烤4h，烘烤时应适当控制距离和温度。

④ 为防止拉动导线时应变片引出线被拉坏，应使用接线端子。用胶水把接线端子粘在应变片引出线的前端，把应变片的引出线和输出导线分别焊接到接线端子两端，以保护应变片。

⑤ 将引出线焊接在应变片的接线端。在应变片引出线下，贴上胶带纸，焊完后用万用表检查焊接的有效性。

⑥ 为避免胶层吸收空气中的水分而降低绝缘电阻值，应在应变片接好线后，立即对应变计进行防潮处理。本试验采用硅胶进行防潮处理，将硅胶均匀地涂在应变片和引出线上隔绝空气。

(a) 电阻应变片

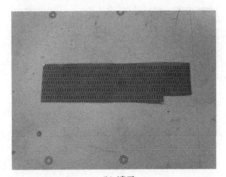

(b) 端子

(c) 烙铁

图 3.20

(d) 焊锡丝

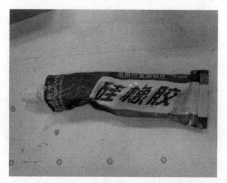

(e) 硅胶

(f) 数字式万用表

图 3.20　应变片粘贴所需材料（部分）

（3）应变片的质量检验

① 用放大镜检查应变片是否粘牢固，有无气泡、翘起等现象。

② 用万用表检查电阻值，电阻值应和应变片的标准阻值相差不大于 1Ω。

完成应变片粘贴的高聚物防渗墙模型和混凝土防渗墙模型见图 3.21。

(a) 高聚物防渗墙模型

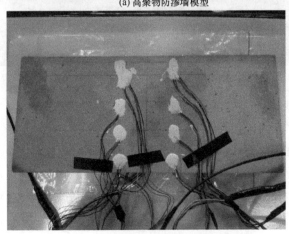

(b) 混凝土防渗墙模型

图 3.21　完成应变片粘贴的高聚物防渗墙模型和混凝土防渗墙模型

3.6.1.3 应变片的标定

采用激光位移计标定高聚物防渗墙应变片，见图 3.22。方法如下：设计专用夹具固定高聚物防渗墙体，将激光传感器安装固定在高聚物防渗墙墙体上方。逐级加载砝码，记录读数；逐级卸载砝码，记录读数。结束后，将标定数据和计算数据进行比对，完成应变片标定。

图 3.22 应变片标定

3.6.2 加速度计

选用日本共和加速度计，该加速度计环境性能好（耐冲击、振动和温度变化）、偏差稳定性优异，测量范围为 0～1100Hz，满足试验要求。如图 3.23（a）所示为单向加速度计，用于测量坝体水平加速度，如图 3.23（b）所示为三向加速度计，可同时测定三个方向加速度，安装于振动台的台面，作为地震波的输出波。

(a) 单向加速度计

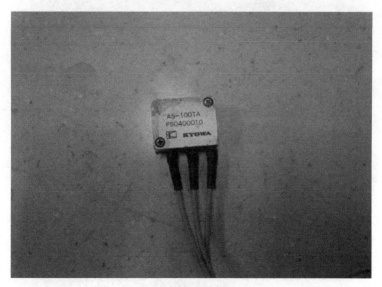

(b) 三向加速度计

图 3.23　加速度计

试验中，部分加速度计需提前埋入坝体，为防止夯击坝体对传感器造成损害，设计有机玻璃保护外壳，如图 3.24（a）所示，保护壳尺寸略大于传感器并留有导线出口，可将加速度计放入其中，打胶固定传感器，并用标准砂填充空隙、缠上胶带，见图 3.24（b）。

(a) 有机玻璃保护壳

(b) 装入加速度计

图 3.24　受保护的加速度计

3.6.3 微型土压计

3.6.3.1 TML土压力计

采用日本东京测器研究所（TML）研发的CXD型土压力计，见图3.25。CXD型土压力计采用先进的微机械加工工艺制作的力敏元件，较常规同类型传感器具有更高的灵敏度，同时具有优良的动静态特性。试验中，需同时记录测点的水平、竖向土压力，设计并制作了铝合金L形支架，见图3.26。支架的水平、竖直臂上开有槽孔，可穿入土压力计。L形支架保证了2个测点方向的垂直，并起到保护传感器的作用。

图3.25 微型土压力计

3.6.3.2 土压力计的标定

土压力计采用气压进行标定，方法如下：

① 清理标定罐（图3.27），保持标定罐干燥，将土压力计置于

图 3.26　L 形支架

标定罐内并密封罐体；

　　② 接入信号放大器和稳压电源（图 3.28），连接标定罐和加压装置；

图 3.27　标定罐

图 3.28　信号放大器和稳压电源

③ 向标定罐内逐级施加气压，每级 20kPa，最大气压不超过传感器最大量程的 50％，再逐级卸载，每级 20kPa，加、卸载重复 2 次；

④ 读取土压力计电压值，绘制压力-电压关系曲线，计算标定系数。

以编号为 120046 和 120049 的土压力为例，其标定曲线见图 3.29，分别计算两次试验标定系数，取平均值，即为该土压力计的标定系数。

3.6.4　微型孔压计

3.6.4.1　德鲁克孔压计

德鲁克孔压计（GE Druck）（图 3.30）可应用于饱和或非饱和

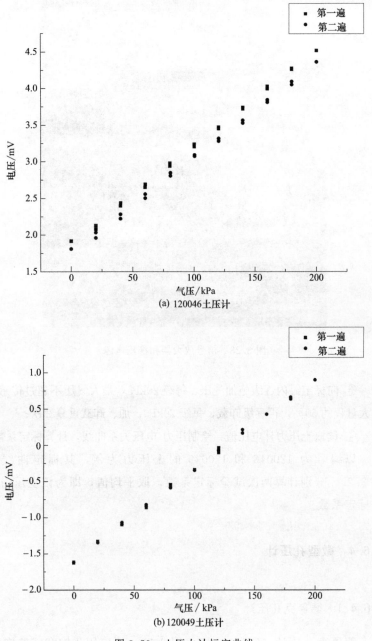

(a) 120046土压计

(b) 120049土压计

图 3.29　土压力计标定曲线

土体中，测试孔隙水压力的分布和消散情况，具有高灵敏度、高精度、高稳定性的优点。本试验采用德鲁克孔压计测量地震作用下土石坝超孔隙水压力。

图 3.30　德鲁克孔压计

3.6.4.2　孔压计的标定

孔压计的标定方法和设备同土压力计。如图 3.31 所示是编号3266220 和 3250197 孔压计的标定曲线，分别计算两次试验标定系数，取平均值，即为该孔压力计的标定系数。

3.6.5　激光位移计

激光位移计可精确、非接触地测量被测物体的位置、位移等变化，主要应用于检测物体的位移、厚度、振动、距离、直径等几何量的测量。试验选用的威格勒 YP05MGVL80 激光位移计（图3.32），具有直线度好、精度高等优点。

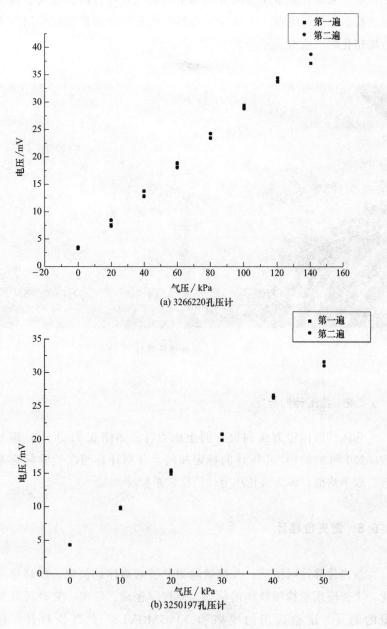

图 3.31　孔压力计标定曲线

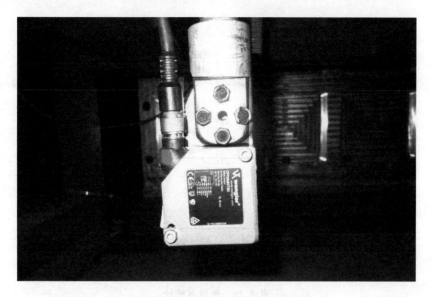

图 3.32　威格勒 YP05MGVL80 激光位移计

3.7　传感器布置方案

在动力离心试验中，传感器布置合理与否关系到试验数据的可靠性及试验目标的实现。本次试验利用大型离心机振动台研究高聚物防渗墙土石坝在地震作用下的动力响应，重点探讨高聚物防渗墙土石坝和混凝土防渗墙土石坝地震响应的异同点，在正常蓄水条件下施加地震作用，测试内容包括以下几点。

① 测试两组防渗墙墙体动应变。

② 测试两组土石坝坝体加速度及坝顶沉降。

③ 测试两组土石坝动土压力及超孔隙水压力。

根据试验内容设计了传感器布置方案，其总体布局见图 3.33，传感器统计见表 3.19。其中，S 为应变片，acc 为加速度计，P 为土压力计，ppt 为孔压计。

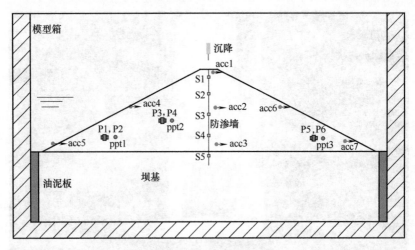

图 3.33　传感器总体布局

表 3.19　传感器统计

传感器类型	代号	型号	品牌	数量	用　途
三向加速度计	acc	AS-100TA	日本共和	1个	监测振动台台面地震动的输出
水平向加速度计	acc	AS-100TA	日本共和	7个	监测坝体水平向加速度
孔隙水压力计	ppt	PDCR81(300kPa)	德鲁克	2个	监测坝体上游超孔隙水压力
	ppt	PDCR81(100kPa)	德鲁克	1个	监测坝体下游超孔隙水压力
土压力计	P	CXD	TML	6个	监测坝体动土压力
应变片	S	BF350	中航电测	5对	监测防渗墙体动应变
激光位移传感器	LS	YP05MGVL80	威格勒	1个	监测坝顶沉降
摄像头				2个	记录坝体变形、破坏形情况
动态信号测试系统				1个	实现加速度、应变、土压、孔压、位移的动态数据采集

应变片、加速度计、土压和孔压计具体布置示意见图 3.34～
图 3.36。

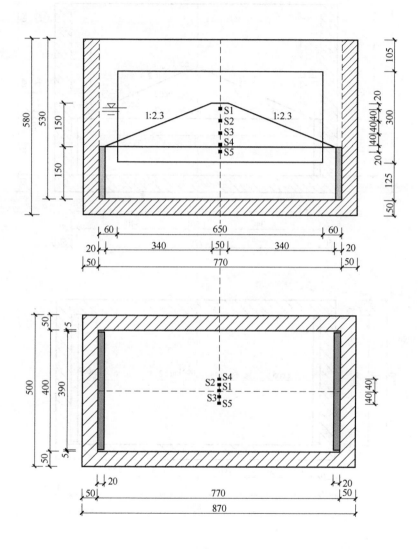

图 3.34　应变片布置示意（单位：mm）

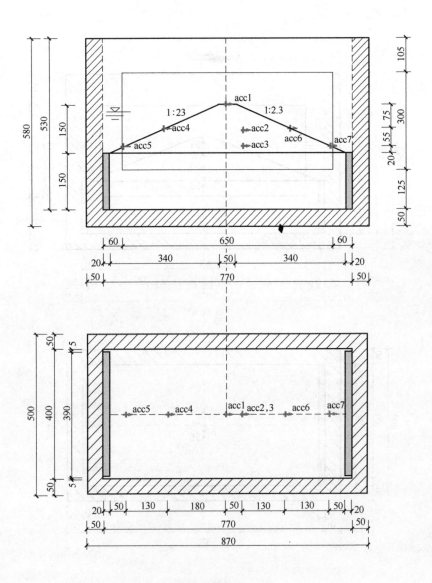

图 3.35　加速度计布置示意（单位：mm）

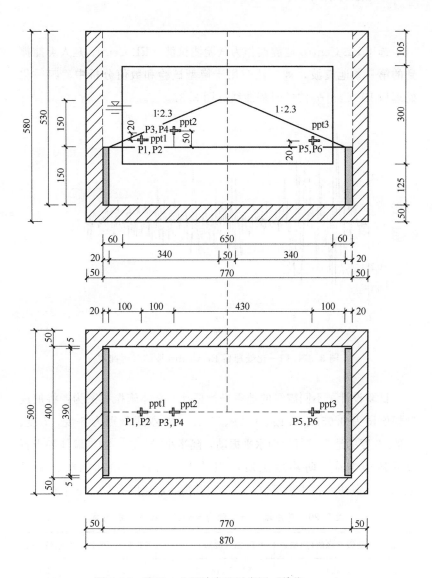

图 3.36　孔压、土压计布置示意图（单位：mm）

3.8 振动加载方案

选用 EL-Centro 地震波作为试验测试波。EL-Centro 是人类捕捉到的第一条地震波，被广泛应用于模型试验和数值分析中。归一化处理后 EL-Centro 波的时程曲线见图 3.37。

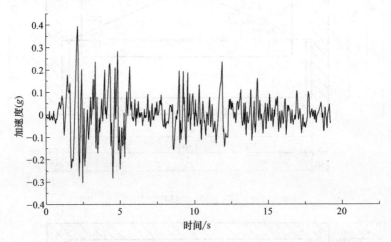

图 3.37 归一化处理后 EL-Centro 波的时程曲线

试验设计了不同震级的地震进行振动。具体施振方案为：将加速度幅值设为 $0.05g$、$0.1g$、$0.2g$、$0.4g$，即烈度分别为 6 度、7 度、8 度、9 度的地震进行单向水平振动，隔半小时一次，测试墙体和土石坝的地震响应。防渗墙土质堤坝动力离心试验振动加载方案见表 3.20，其中水位为模型值，试验均在离心加速度为 $50g$ 下完成。

表 3.20 防渗墙土石坝动力离心试验振动加载方案

工况	地震波峰值(原型)	输入波形	持续时间(原型)/s	水位/cm
1	$0.05g$	EL-Centro 波	20	8.6
2	$0.1g$	EL-Centro 波	20	8.6

续表

工况	地震波峰值(原型)	输入波形	持续时间(原型)/s	水位/cm
3	0.2g	EL-Centro 波	20	8.6
4	0.4g	EL-Centro 波	20	8.6

3.9 试验过程

本书介绍的离心机振动台试验过程包括土石坝模型制作、安放防渗墙、削坡、埋设传感器、养护模型、吊装模型、调试机器、转机、振动等过程，具体流程见图 3.38。

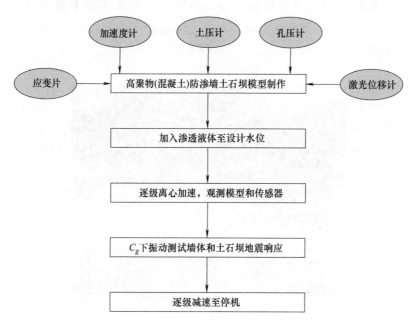

图 3.38 离心机振动台试验流程

（1）土石坝模型制作

土石坝模型制作前的准备工作包括：清理模型箱、粘贴标尺线、标记坡度、涂抹润滑脂、安装油泥板等。准备工作完成后即开始制模。

将试验用粉质黏土粉碎、烘干，并按照最优配合比与水拌和，将水、土混合均匀，将土料静置12h。为保证填筑质量，以密度和均匀性为控制原则进行压实，土石坝共分10层填筑，每次填高3cm。

设计坝体干密度为 $1.63 \times 10^3 \mathrm{kg/m^3}$，渗透系数为 $2.8 \times 10^{-5} \mathrm{cm/s}$，含水量为18%。

每层土体积为：$v_s = 8.64 \times 10^{-3} \mathrm{m^3}$。

每层水土总重为：$m_s = 16.613 \mathrm{kg}$。

将16.62kg的拌和土均匀地撒入模型箱中，夯实至控制标尺线，其间利用水平仪检查中心、两侧高度及压实的平整性（图3.39）是否符合要求，合格后刮毛土体表面（图3.40），进行下一层填筑。

图 3.39　表面调平

图 3.40　表面刮毛

（2）安放防渗墙

土体填筑至坝底位置时需安放防渗墙，为保护防渗墙在夯实过程不被破坏，用略大于墙体厚度的有机玻璃板预埋入坝体中轴线位置。直至夯实完坝体，抽出有机玻璃板，放入防渗墙体，并用标准砂填筑坝体和墙体之间的空隙。

（3）削坡

沿坡度标记线进行坝体两侧削坡，用水平仪控制边坡的平整性。

（4）埋放传感器

削坡完成后，在设计位置进行掏洞，达到设计深度后埋入传感器，用土料填充空隙，并用泥浆抹平。如图 3.41 和图 3.42 所示分别是采用"掏洞法"埋放加速度传感器和土压力传感器，加速度传感器安放时要保证所有加速度计朝向一致。

（5）养护模型

模型制作完成后，用土工膜包裹住坝体并覆上一定湿度的土工布进行模型养护，见图 3.43。

图 3.41　埋放加速度计

图 3.42　埋放土压力计

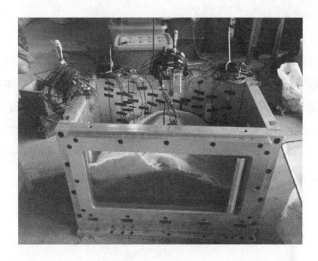

图 3.43　模型养护

（6）转机前的准备工作

转机前需完成吊篮配重、安装三向加速度计、安装激光位移计和高清摄像头、接入数据采集器等工作。安装完成后，注入渗透液体至设计高度，见图 3.44。

图 3.44　注入渗透液体

（7）转机

运行离心机，逐步增加离心加速度，分别在 10g、30g、50g 下稳定运行 10min，以减少开机旋转对施振前模型场地的影响，并观察土石坝状况。离心机稳定至 50g 后，运行约 2h，达到坝体固结及渗流稳定后，输入 EL-Centro 波，分别在地震加速度幅值为 0.05g、0.1g、0.2g、0.4g（对应抗震设防烈度为 6 度、7 度、8 度、9 度）下进行振动，隔半小时一次，测试墙体和坝体的地震响应，并通过高清摄像头观察坝体状况。振动结束后，停止运行离心机。

3.10 本章小结

试验方案是试验能否成功开展的基础，本章研究了高聚物防渗墙土石坝和混凝土防渗墙土石坝的动力离心试验方案，并根据方案实施了试验。采用原型材料制作防渗墙进行了防渗墙土石坝的动力离心试验，主要研究内容如下。

① 以小比尺离心模型理论为基础，从应力-应变关系的相似特性出发，推导了相似关系的几何特性、材料特性及动力特性，设计了防渗墙土石坝动力离心试验的非等应力模型相似关系。

② 进行了原型材料防渗墙土石坝离心模型的设计与制作。采用统计学单因素方差分析方法研究了高聚物防渗墙厚度对其地震响应的影响，以此为基础设计了高聚物防渗墙模型厚度，同时根据高聚物注浆材料特性及注浆工艺设计并制作了高聚物防渗墙模型钢模具；基于土工离心模型试验原理设计了离心模型专用微粒混凝土，设计并制作了混凝土防渗墙有机玻璃模具。采用原型材料制作防渗墙为准确研究高聚物防渗墙土石坝动力响应奠定了基础。

③ 依照相关试验规程要求对测试专用传感器进行了甄选，根据测试内容设计了传感器的布置方案，并设计了各类传感器的粘贴、埋设及标定方法。为保证测试准确性，设计并制作了试验专用加速

度计保护壳和孔压计 L 形支架。设计了试验振动加载方案。

　　④ 制作了防渗墙土石坝模型，进行了高聚物防渗墙土石坝和混凝土防渗墙土石坝的动力离心试验。在地震加速度幅值为 0.05g、0.1g、0.2g、0.4g（对应抗震设防烈度为 6 度、7 度、8 度、9 度）下测试了墙体和坝体的地震响应，试验效果良好。

第4章　防渗墙土石坝动力离心试验结果与分析

4.1　概述

根据第 3 章的试验方案，进行了为期 10 个月的准备工作，在浙江大学软弱土与环境土工教育部重点实验室首先成功开展了高聚物防渗墙土石坝动力离心试验，测得了地震作用下土石坝的加速度、地震实时沉降、坝顶永久沉降、动土压力和超孔隙水压力等，以及地震作用下高聚物防渗墙的动应变。后来又成功开展了混凝土防渗墙土石坝动力离心试验，测得了地震作用下土石坝的加速度、地震实时沉降、坝顶永久沉降、动土压力和超孔隙水压力等，以及地震作用下混凝土防渗墙的动应变。本章根据高聚物防渗墙土石坝动力离心试验和混凝土防渗墙土石坝动力离心试验所测得数据进行深入分析，研究高聚物防渗墙土石坝在超重力和地震作用下的地震响应特征，并重点分析两种墙体和坝体的地震反应异同点。书中的试验数据均为按照相似关系换算到原型的结果。

4.2　高聚物防渗墙土石坝试验结果与分析

4.2.1　静力试验过程

　　本次试验离心加速度设计为 $50g$，然而离心机转臂上的每点加速度皆不相同，将 2/3 土石坝坝高处的离心加速度作为设计加速度。设离心机臂长为 R，其离心加速度为 a；模型 2/3 坝高处臂长为 R_1，其离心加速度 a_1，则有

$$\frac{a}{a_1} = \frac{\omega R}{\omega R_1} \tag{4.1}$$

　　根据式（4.1）可计算出离心机运转时速，设计时速 $10g$、$30g$、$50g$ 重力离心场所需离心机运转时速分别为 $11.07g$、$33.21g$ 和 $55.35g$。静力过程离心加速度加载和卸载模式见图 4.1。

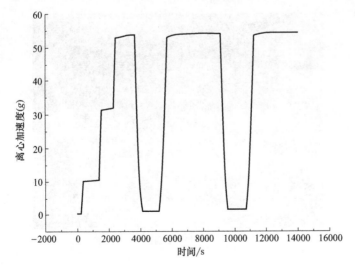

图 4.1　高聚物防渗墙土石坝试验离心加速度加载和卸载模式

考虑到甲基硅油的渗透作用及加油过多易造成土石坝漫顶的风险，本次试验经过两次停机补油，历时 14000s，完成了土石坝的固结和甲基硅油的渗透，结合上、下游高清摄像头监测的液面高度（图 4.2），确定施振时间。

(a) 上游监控

(b) 下游监控

图 4.2　水位监控

4.2.2　动力试验结果与分析

4.2.2.1　高聚物防渗墙墙体动应力

在高聚物防渗墙自上而下布置 5 个测点，具体布置见图 3.34。工况 1～4 下 S1～S5 测点的时程曲线见图 4.3～图 4.6。本书中高聚物防渗墙墙体应力只考虑由地震作用引起的，不考察由静力荷载引起的。

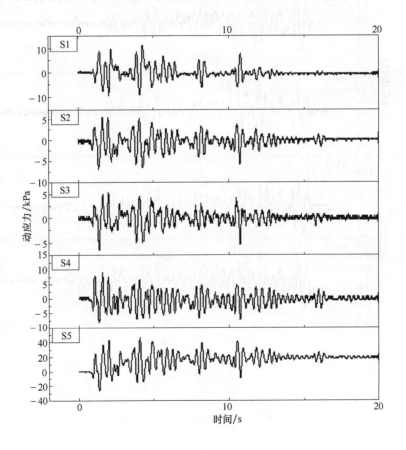

图 4.3　应力时程曲线（0.05g）

111

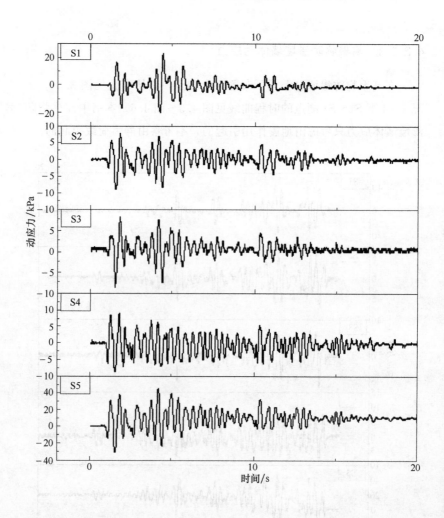

图 4.4 应力时程曲线 （0.1g）

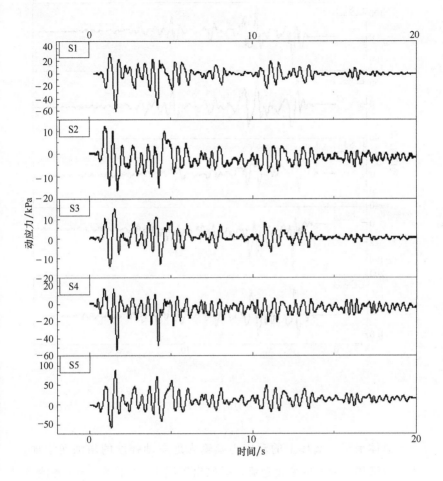

图 4.5　应力时程曲线（0.2g）

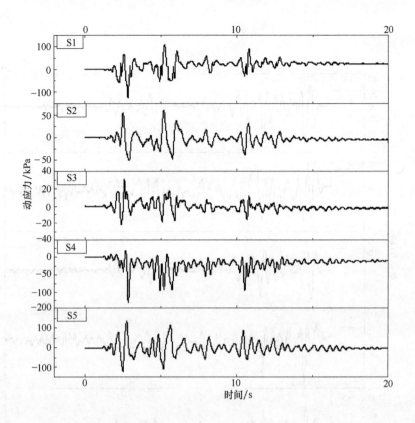

图 4.6　应力时程曲线（0.4g）

　　总体来看，墙体上的动应力随输入地震动强度的增加而增加。为研究墙体动应力的变化趋势，提取出工况 1～4 下 S1～S5 各测点时程曲线中最大值，列表见表 4.1，绘图见图 4.7。其中 $h/H=0$ 为墙底，$h/H=1.0$ 为墙顶。

　　从图 4.7 可看出：高聚物防渗墙墙体各测点最大应力基本上随输入地震动强度的增加而增加；工况 1～4 下墙体应力随着墙高的增加呈现先减小后增大的趋势。在地震作用下高聚物防渗墙墙体应力最大值出现在墙底附近，可见墙底附近是其应力极值区，会出现最不利的情形。

表 4.1　高聚物防渗墙各测点最大应力　　单位：kPa

工况	S1	S2	S3	S4	S5
1	10.98	6.94	6.52	8.94	46.32
2	22.31	8.91	8.62	8.96	45.08
3	60.27	16.32	15.23	52.89	89.08
4	126.36	60.23	31.25	133.21	135.60

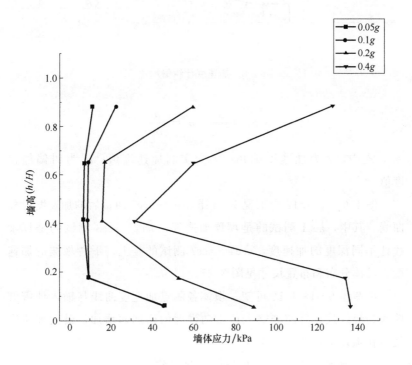

图 4.7　墙体应力沿墙高分布

4.2.2.2　坝体加速度

人工放置加速度计不能保证绝对水平，当误差过大或精度要求高时，需要对加速度计进行纠偏。加速度计纠偏示意见图 4.8，计算公式见式（4.2）。

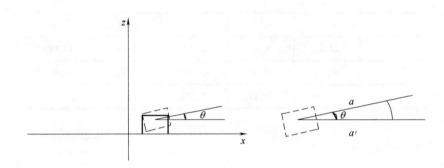

图 4.8　加速度计纠偏示意

$$\sin\theta = \frac{a}{50g} \quad a' = \frac{a}{\cos\theta} \tag{4.2}$$

式中，θ 为加速度偏角；a 为实测加速度值；a' 为纠偏加速度值。

图 4.9～图 4.12 为工况 1～4 下 acc1～acc7 纠偏后的加速度时程曲线。其中，acc1 测试的是坝顶加速度，acc2、acc3 测试的是坝轴线处不同深度的加速度，acc4～acc7 测试的是上、下游坝坡的加速度，具体分布和布置尺寸见图 3.35。

由图 4.9～图 4.12 可知，坝体各测点加速度曲线与输入地震波曲线趋势一致，且随着输入地震动强度的增加而增加，最大加速度发生在坝顶上，即 acc1 处。

（1）水平向峰值加速度整体变化规律

表 4.2 给出了 acc1～acc7 测点的水平向峰值加速度，从表 4.2 可看出：工况 1～4 下，acc1 的峰值加速度大于 acc2 和 acc3，说明在坝轴线处，峰值加速度随着坝高的增加而增加，且最大值在坝顶处；acc4 峰值加速度大于 acc5，acc6 峰值加速度大于 acc7，说明坝体上部的峰值加速度值大于下部的峰值加速度。由表 4.2 还可以发现：

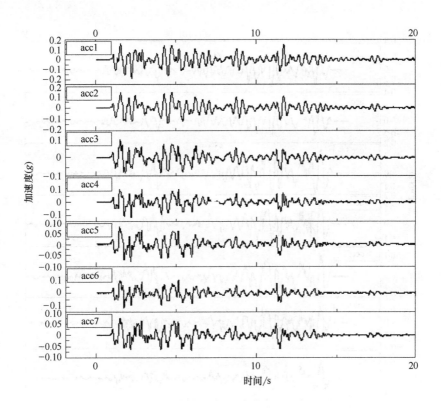

图 4.9　加速度时程曲线（0.05g）

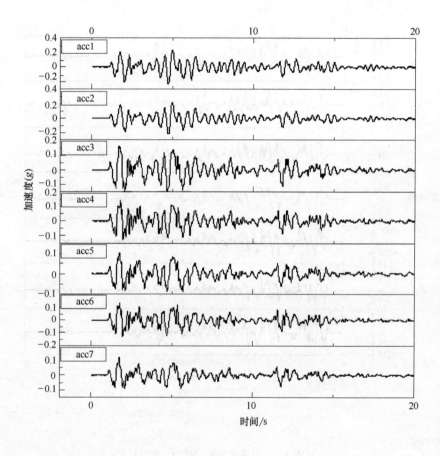

图 4.10　加速度时程曲线（0.1g）

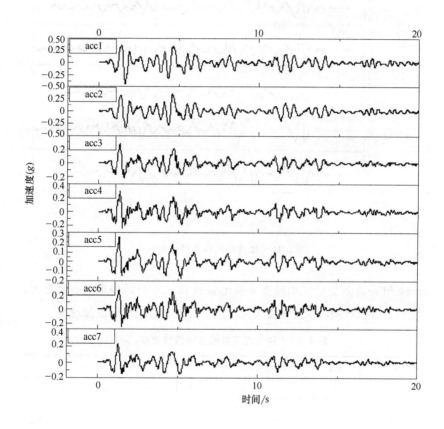

图 4.11　加速度时程曲线（0.2g）

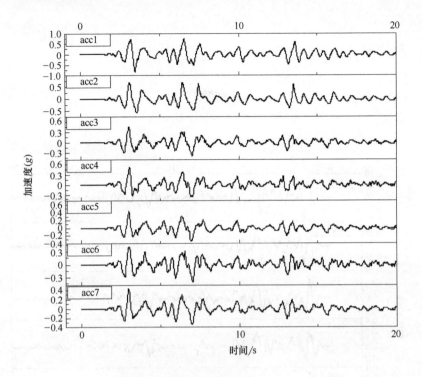

图 4.12　加速度时程曲线（0.4g）

acc4 和 acc5 处的峰值加速度分别比 acc6 和 acc7 处的峰值加速度要大，说明上游坝坡的峰值加速度要大于同高程处下游坝坡峰值加速度。

表 4.2　4 种工况下各测点峰值加速度（g）

工况	acc1	acc2	acc3	acc4	acc5	acc6	acc7
1	0.19	0.14	0.10	0.12	0.08	0.10	0.07
2	0.23	0.22	0.16	0.14	0.10	0.13	0.12
3	0.43	0.36	0.27	0.30	0.25	0.27	0.23
4	0.83	0.70	0.47	0.52	0.45	0.42	0.44

（2）水平向峰值加速度沿坝高的分布规律

为进一步研究峰值加速度沿坝高的分布规律，绘出了坝轴线、上游坝坡和下游坝坡的坝体峰值加速度沿坝高分布图（图 4.13～

图 4.15），图中 $h/H=0$ 表示坝底，$h/H=1.0$ 表示坝顶。从图中可看出，除 $0.4g$ 下游坝坡外，其他数据有如下变化规律：坝轴线处、上游坝坡和下游坝坡峰值加速度均随坝高增加而增加。

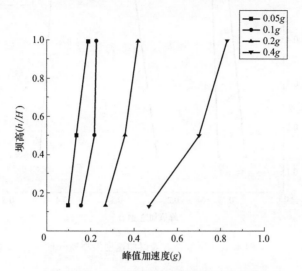

图 4.13　坝轴线峰值加速度沿坝高分布

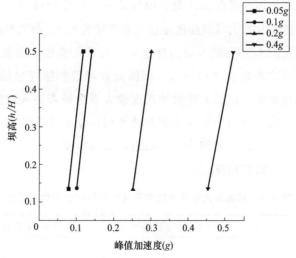

图 4.14　上游坝坡峰值加速度沿坝高分布

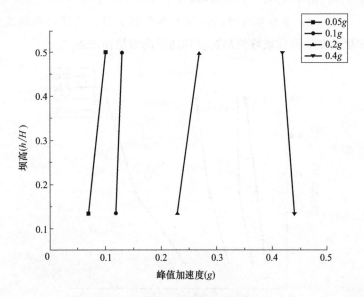

图 4.15　下游坝坡峰值加速度沿坝高分布

（3）坝体最大峰值加速度及最大峰值加速度放大系数变化规律

最大峰值加速度在 acc1 处，即坝顶处。工况 1～4 下，坝体的最大峰值加速度及最大峰值加速度放大系数见表 4.3，最大峰值加速度变化规律见图 4.16，最大峰值加速度放大系数变化规律见图 4.17。可见，随着输入地震动的增大，坝体最大峰值加速度也随之增大，大致呈线性变化；而最大峰值加速度放大系数随着输入地震动的增大而减小。这是因为当输入地震动较小时，动剪应变较小，相应的动剪切模量较大，阻尼较小，所以地震波高频影响大；当输入地震动较大时情形恰好相反。

表 4.3　坝体最大峰值加速度及最大峰值加速度放大系数

工况	最大峰值加速度(g)	最大峰值加速度放大系数
1	0.19	3.8
2	0.23	2.3

续表

工况	最大峰值加速度(g)	最大峰值加速度放大系数
3	0.42	2.1
4	0.83	2.08

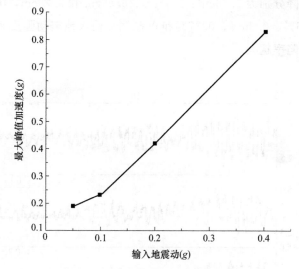

图 4.16　最大峰值加速度变化规律

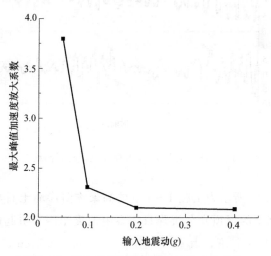

图 4.17　最大峰值加速度放大系数变化规律

4.2.2.3 坝顶沉降

工况 1～4 下坝顶沉降时程曲线见图 4.18，从图 4.18 可知：输入地震动越大，坝顶实时沉降越大，工况 1～4 下地震作用引起的最大实时沉降分别为 3.86cm、5.43cm、5.55cm 和 9.25cm，沉陷率分别为 0.26%、0.36%、0.37%和 0.62%。输入地震动强度越大，坝顶实时沉陷率越大。

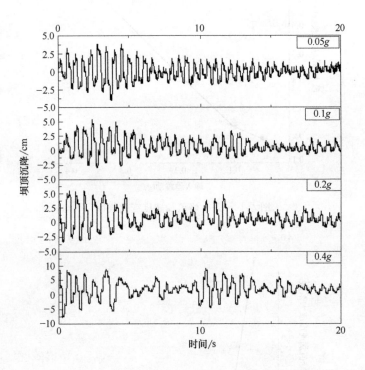

图 4.18　工况 1～4 下坝顶沉降时程曲线

如图 4.19 所示为工况 1～4 下的高聚物防渗墙土石坝坝顶永久沉降，本书中的坝顶永久沉降只考察由地震作用所引起的，以下皆同。工况 1～4 下，其值分别为 0.12cm、0.15cm、0.34cm 和 2.34cm，沉陷率分别为 0.008%、0.01%、0.02%和 0.16%。可见输入地震动强度越大，坝顶永久沉陷率越大，由于沉陷率均在 0.2％以下，所以地震对高聚物防渗墙土石坝坝顶永久沉降影响很小。

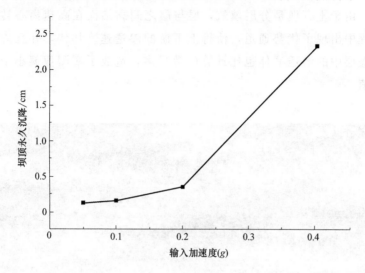

图 4.19　工况 1～4 下的高聚物防渗墙土石坝坝顶永久沉降

综上所述：地震动越大引起的坝顶最大实时沉降和坝顶永久沉降越大，且强震对坝顶的最大实时沉降和坝顶永久沉降影响较大。工况 1～4 下，高聚物防渗墙土石坝最大实时沉降大于坝顶永久沉降。4 种工况下，最大实时沉降的沉陷率在 1％以内，坝顶永久沉降的沉陷率在 0.2％以内，可见地震动对高聚物防渗墙土石坝坝顶的实时和坝顶永久沉降影响较小。

4.2.2.4　坝体超孔隙水压力

计算高聚物防渗墙土石坝浸润线，见图 4.20。根据浸润线计算各测点初始孔隙水压力。ppt1、ppt2 和 ppt3 理论计算值如下。

$$ppt1 = \rho g h_1 = 34.3 \text{kPa}$$

$$ppt2 = \rho g h_2 = 19.6 \text{kPa} \tag{4.3}$$

$$ppt3 = \rho g h_3 = 2.4 \text{kPa}$$

ppt1、ppt2 和 ppt3 实测初始孔压力值分别为 22.9kPa、16.7kPa 和 2.3kPa，总体来说，实测值比理论值偏小，分析原因为：由于土石坝是分层填筑，层与层之间黏结面在高速离心转动过程中出现了优势通道，使得上下游的渗透速度加快，并且渗入覆盖层中的渗透液体也比计算的数量多，造成了实测值偏小于理论值。

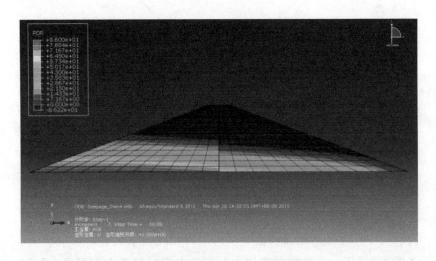

图 4.20　高聚物防渗墙土石坝浸润线

工况 1～4 下，由地震作用引起的高聚物防渗墙土石坝超孔隙水压力时程曲线见图 4.21～图 4.24。由图 4.21～图 4.24 可看出：在工况 1～4 下，各测点超孔隙水压力随着输入地震动强度的增加而增加；同一高度处上游的超孔隙水压力（ppt1）要大于下游的超孔隙水压力（ppt3）；同处于上游而高度不同的测点（ppt1）超孔隙水压力小于测点（ppt2）超孔隙水压力，而测点 ppt2 的覆土厚度大于测点 ppt1。综上可知：土石坝各测点超孔隙水压力的大小和上覆土厚度及液面高度有关，同一覆土高度处，液面越高，激发出的超孔隙水压力越大；覆土深度越大，受振时激发的超孔隙水压力也越大。

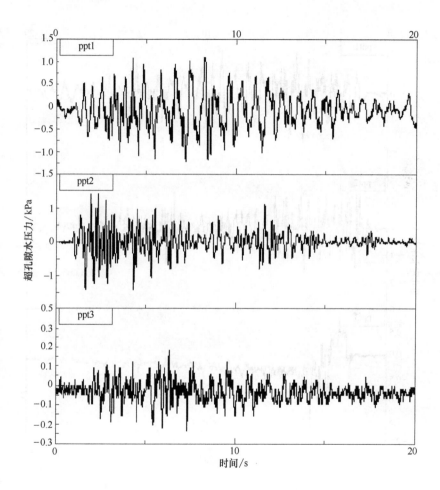

图 4.21 超孔隙水压力时程曲线 (0.05g)

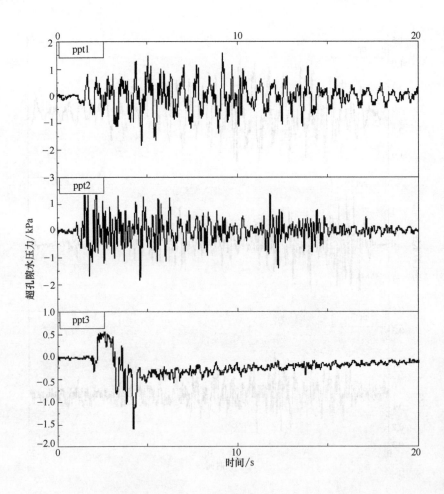

图 4.22　超孔隙水压力时程曲线 （0.1g）

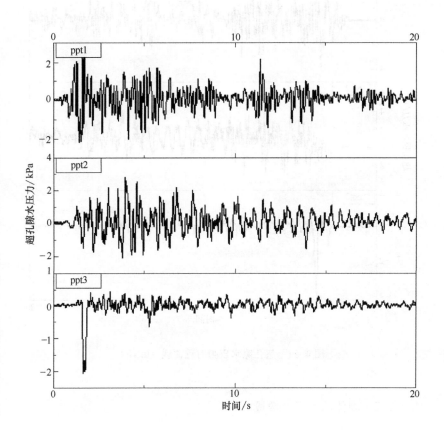

图 4.23　超孔隙水压力时程曲线（0.2g）

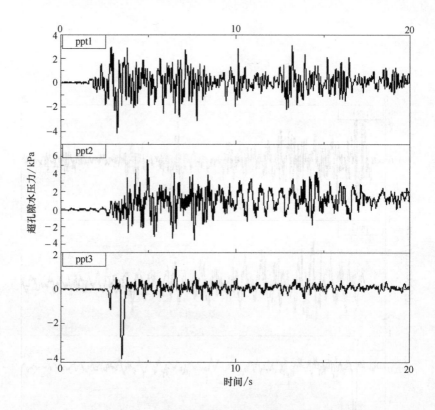

图 4.24   超孔隙水压力时程曲线 （0.4g）

4.2.2.5   坝体动土压力增量

工况 1～4 下由地震作用引起的高聚物防渗墙土石坝各测点动土压力增量时程曲线见图 4.25～图 4.28。

试验设计了 3 个土压力监测点，测点 1 和 2 在土石坝上游，测点 3 在土石坝下游，具体测点布置见图 3.36。每点分别测试竖向土压力和水平向土压力。其中 P1、P2 测试的是测点 1 的土压力，P3、P4 测试的是测点 2 的土压力，P5、P6 测试的是测点 3 的土压力；P1、P3 和 P5 测试的是竖向土压力，P2、P4 和 P6 测试的是水平向土压力。由图 4.25～图 4.28 可知：坝体动土压力增量随着输入地震动强度的增加而增加，并且靠近坝轴线处的竖向土压力增量大于水平土压力增量，而靠近坝坡处的竖向土压力增量小于水平土压力增量。

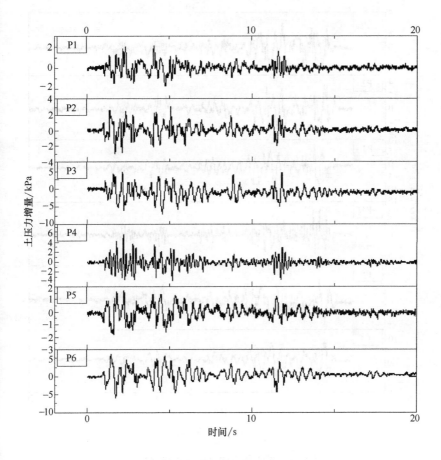

图 4.25　动土压力增量时程曲线（0.05g）

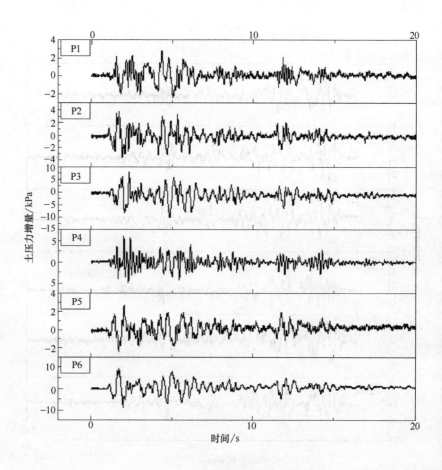

图 4.26　动土压力增量时程曲线 （0.1g）

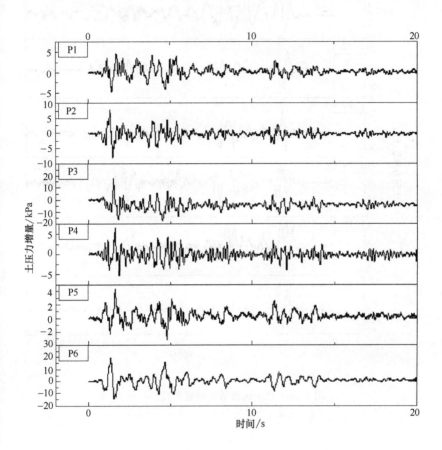

图 4.27　动土压力增量时程曲线（0.2g）

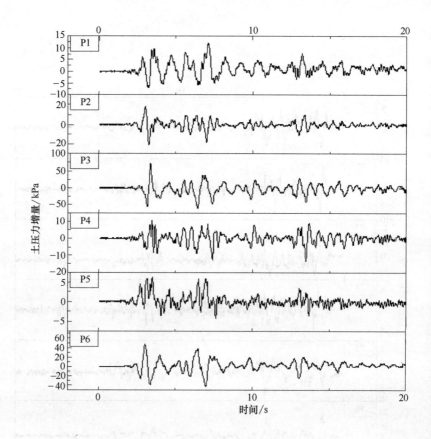

图 4.28　动土压力增量时程曲线（0.4g）

4.3　两组试验结果对比分析

由于改进了试验方法，混凝土防渗墙土石坝动力离心试验静力过程停机一次进行补油，整个静力过程共用时约 8000s，其离心加速度加载和卸载模式见图 4.29。

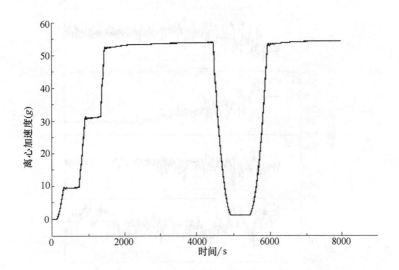

图 4.29　混凝土防渗墙土石坝试验离心加速度加载和卸载模式

4.3.1　墙体动应力对比分析

在混凝土防渗墙自上而下布置 5 个测点，具体布置见图 3.34。由于测点 S3 出现了故障，图 4.30～图 4.33 只列出了工况 1～4 下 S1、S2、S4 和 S5 的时程曲线。本书中混凝土防渗墙墙体应力只考虑由地震作用引起的，不考察由静力荷载引起的。

总体看来，混凝土防渗墙墙体应力随输入地震动强度的增加而增加，工况 1～4 下，墙体应力沿着墙高的增加基本呈现逐渐减小的趋势，墙体最大应力出现在混凝土防渗墙的下部，因此混凝土防渗墙下部处会出现最不利情形。

提取工况 1～4 下混凝土防渗墙 S1～S5 时程曲线中最大值，见表 4.4。为研究两种墙体应力变化趋势，将高聚物防渗墙各测点应力最大值与混凝土防渗墙应力最大值绘图，见图 4.34，其中 $h/H = 0$ 为墙底，$h/H = 1.0$ 为墙顶。

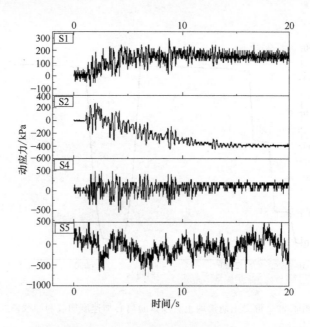

图 4.30　混凝土防渗墙墙体应力时程曲线 （0.05g）

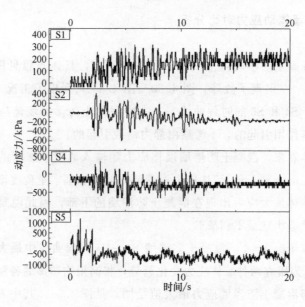

图 4.31　混凝土防渗墙墙体应力时程曲线 （0.1g）

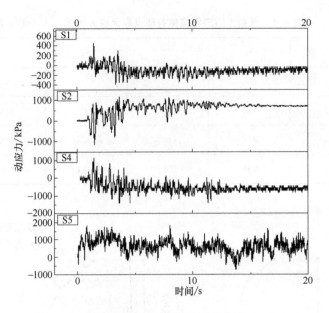

图 4.32　混凝土防渗墙墙体应力时程曲线（0.2g）

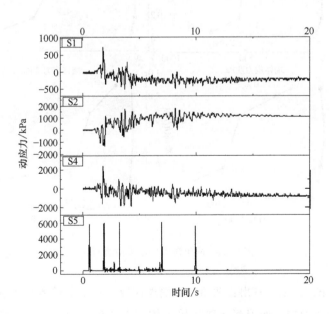

图 4.33　混凝土防渗墙墙体应力时程曲线（0.4g）

表 4.4　混凝土防渗墙墙体各测点最大应力　　　　单位：kPa

工　况	S1	S2	S4	S5
1	294	495	550	739
2	317	595	847	1167
3	456	1163	1404	1826
4	749	1782	2411	6082

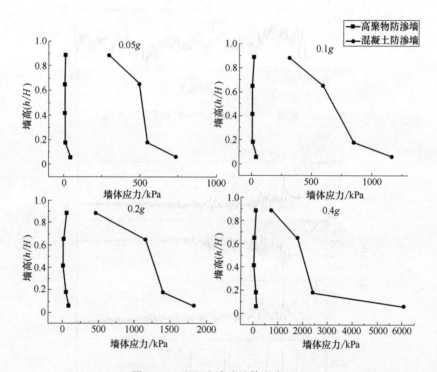

图 4.34　两组防渗墙墙体应力对比

从图 4.34 可看出：两组防渗墙墙体应力均随着输入地震动强度的增加而增加，而混凝土防渗墙墙体应力要远远大于高聚物防渗墙墙体应力，工况 1～4 下混凝土防渗墙墙体的最大应力分别为：

739kPa、1167kPa、1826kPa 及 6082kPa，分别是高聚物防渗墙最大动应力的 16 倍、26 倍、21 倍和 45 倍之多，其原因将在第 5 章中结合有限元计算结果一并分析。

对比工况 1～4 下两组防渗墙墙体应力变化趋势，高聚物防渗墙墙体应力随墙高增加呈现先减小后增大的趋势，最大动应力出现在墙底，最不利位置位于墙底附近。而混凝土防渗墙墙体应力随墙高的增加呈现逐渐减小的趋势，墙体最大应力出现在墙底附近。

4.3.2　坝体加速度对比分析

如图 4.35～图 4.38 所示为工况 1～4 下混凝土防渗墙土石坝 acc1～acc7 纠偏后的加速度时程曲线，由图 4.35～图 4.38 可知：加速度时程曲线的变化趋势反映了地震波曲线的变化趋势，且随着输入地震动强度的增加而增加，最大加速度在坝顶上，即 acc1 处。

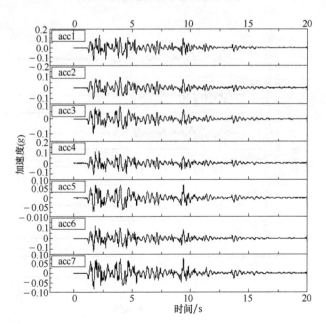

图 4.35　混凝土防渗墙土石坝加速度时程曲线（0.05g）

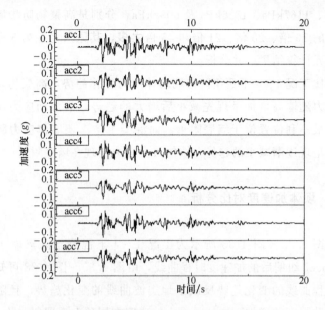

图 4.36　混凝土防渗墙土石坝加速度时程曲线 （0.1g）

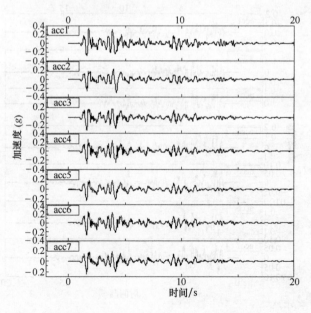

图 4.37　混凝土防渗墙土石坝加速度时程曲线 （0.2g）

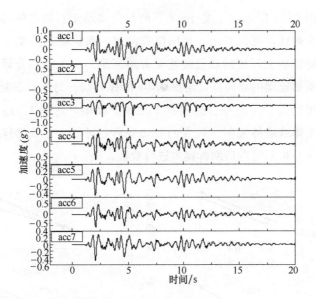

图 4.38　混凝土防渗墙土石坝加速度时程曲线 （0.4g）

4.3.2.1　水平向峰值加速度变化规律对比

表 4.5 给出了混凝土防渗墙土石坝 acc1～acc7 测点的水平峰值加速度，从表 4.5 可看出：acc1 峰值加速度大于 acc2 和 acc3 峰值加速度，说明在坝轴线处，峰值加速度随坝高的增加而增加，且最大值在坝顶处；acc4 峰值加速度大于 acc5 峰值加速度，acc6 峰值加速度大于 acc7 峰值加速度，说明坝体上部峰值加速度大于下部峰值加速度。上述结论和高聚物防渗墙土石坝动力离心试验结论一致。

表 4.5　4 种工况下混凝土防渗墙土石坝各测点峰值加速度 （g）

工况	acc1	acc2	acc3	acc4	acc5	acc6	acc7
1	0.14	0.11	0.10	0.11	0.07	0.11	0.08
2	0.17	0.14	0.12	0.15	0.13	0.17	0.15
3	0.33	0.30	0.25	0.29	0.23	0.27	0.25
4	0.75	0.56	1.21	0.58	0.43	0.56	0.48

　　如图 4.39 所示为工况 1～4 下两组防渗墙土石坝坝体各测点峰值加速度对比，可以看出：相同位置测点，高聚物防渗墙土石坝与混凝土防渗墙土石坝的峰值加速度有所区别，为了进一步研究两组试验峰值加速度的异同点，绘图 4.40 和图 4.41。另外，混凝土防渗墙土石坝轴线下部 acc3 传感器在工况 4 下突增，达到 1.21g，推测其附近土体或墙体发生了较大的剪切变形，可能土体或墙体发生了破坏，这一推断可在后期拆模中进行验证。

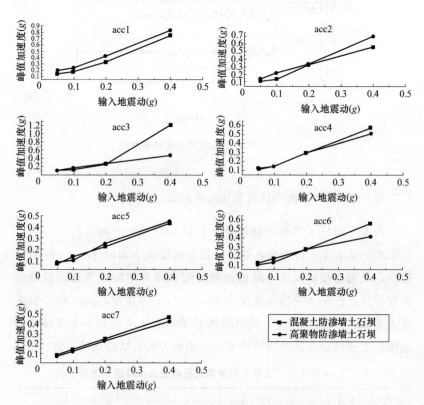

图 4.39　工况 1～4 下两组防渗墙土石坝坝体各测点峰值加速度对比

　　如图 4.40 所示为工况 1～4 下高聚物防渗墙土石坝 acc1～acc7 各测点峰值加速度的平均值与混凝土防渗墙土石坝 acc1～acc7 各测点峰值加速度平均值的比值（简称"总体比值"）。从图 4.40 中可以发现：工况 1～4 下，总体比值分别为 1.11、1.07、1.09、1。也就是说，相对于高聚物防渗墙而言，混凝土防渗墙的存在一定程度上降低了坝体的加速度反应，但其降低程度随着地震动输入强度的增加有减缓之势。

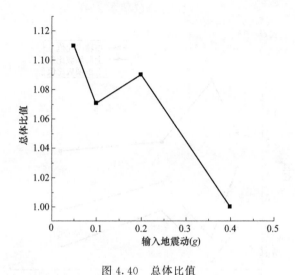

图 4.40 总体比值

如图 4.41 所示为工况 1～4 下各监测面上高聚物防渗墙土石坝测点峰值加速度平均值与混凝土防渗墙土石坝测点峰值加速度平均值的比值（简称"各监测面比值"）。从图 4.41 中可以发现：工况 1～4 下，高聚物防渗墙土石坝坝轴线各测点峰值加速度平均值与混凝土防渗墙土石坝坝轴线各测点峰值加速度平均值的比值（简称"坝轴线比值"）分别为 1.23、1.42、1.20、1.17；工况 1～4 下，高聚物防渗墙土石坝上游坝坡各测点峰值加速度平均值与混凝土防渗墙土石坝上游坝坡各监测点峰值加速度平均值的比值（简称"上游坝坡比值"）分别为 1.11、0.86、1.06、0.96；工况 1～4 下，高聚物防渗墙土石坝下游坝坡各监测点峰值加速度平均值与混凝土防渗墙土石坝下游坝坡各监测点峰值加速度平均值的比值（简称"下游坝坡比值"）分别为 0.90、0.78、0.96、0.83。从以上分析来看，混凝土防渗墙的存在对坝体加速度反应影响是不均匀的，其在坝轴线附近区域降低了坝体的加速度反应，在下游坝坡区域增强了坝体的加速度反应。其原因将在第 5 章中结合有限元计算结果一并分析。

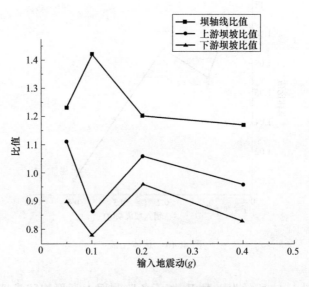

图 4.41　各监测面比值

4.3.2.2　水平向峰值加速度沿坝高分布对比

如图 4.42～图 4.44 所示是混凝土防渗墙土石坝坝轴线、上游坝坡和下游坝坡的坝体峰值加速度沿坝高的分布，其中 $h/H=0$ 表示坝底，$h/H=1.0$ 表示坝顶。从图 4.42～图 4.44 可看出：除了图 4.42 中工况 4 下 acc3 出现了突增外，其他数据均随着输入地震动强度的增加而增加，随着坝高的增加而增加，且输入地震动强度越大，峰值加速度增加的幅度也越大，这和高聚物防渗墙土石坝试验得出的规律一致。

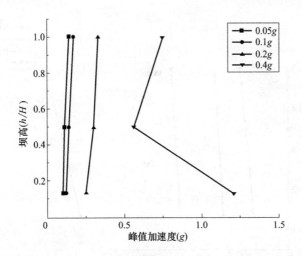

图 4.42　混凝土防渗墙土石坝坝轴线峰值加速度沿坝高分布

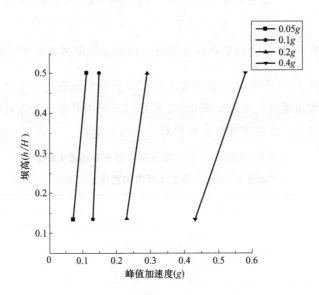

图 4.43　混凝土防渗墙土石坝上游坝坡峰值
加速度沿坝高分布

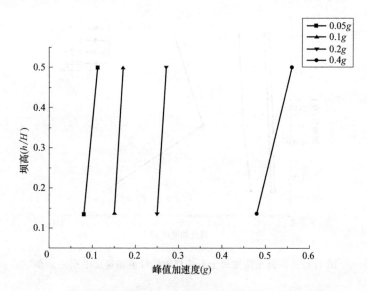

图 4.44　混凝土防渗墙土石坝下游坝坡峰值加速度沿坝高分布

4.3.2.3　坝体最大峰值加速度及最大峰值加速度放大系数对比

工况 1～4 下混凝土防渗墙土石坝最大峰值加速度（accl）及最大峰值加速度放大系数见表 4.6。两组试验最大峰值加速度对比见图 4.45，最大峰值加速度放大系数对比见图 4.46。

表 4.6　工况 1～4 下混凝土防渗墙土石坝最大峰值
加速度（accl）及最大峰值加速度放大系数

工况	最大峰值加速度(g)	最大峰值加速度放大系数
1	0.14	2.80
2	0.18	1.75
3	0.33	1.65
4	0.75	1.88

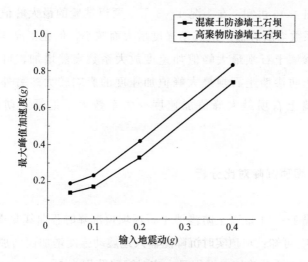

图 4.45　两组试验最大峰值加速度对比

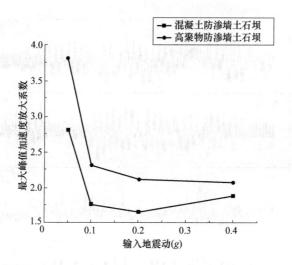

图 4.46　两组试验最大峰值加速度放大系数对比

从图 4.45 可知：两组试验坝体最大峰值加速度随着地震动的增加而增加，且均呈现线性增加趋势；高聚物防渗墙土石坝的最大峰值加速度大于混凝土防渗墙土石坝。

从图 4.46 可知：在工况 1～3 下，两组试验的最大峰值加速度的放大系数均随着输入地震动强度增大而减小，但在工况 4 下，混凝土防渗墙土石坝最大峰值加速度放大系数突然增加，可见强震对混凝土防渗墙土石坝最大峰值加速度的影响较大。另外，高聚物防渗墙土石坝最大峰值加速度放大系数大于混凝土防渗墙土石坝。

4.3.3 坝顶沉降对比分析

工况 1～4 下混凝土防渗墙土石坝坝顶沉降时程曲线见图 4.47，由图 4.47 可知：坝顶实时沉降随输入地震动强度增加而增加。工况 1～4 下混凝土防渗墙土石坝最大实时沉降分别为 1.49cm、2.26cm、

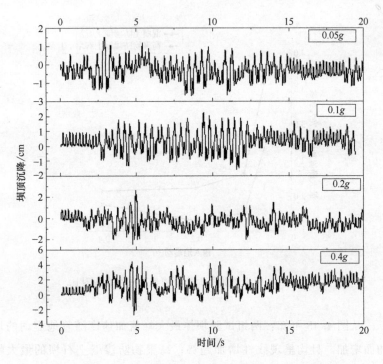

图 4.47　工况 1～4 下混凝土防渗墙土石坝坝顶沉降时程曲线

2.62cm 和 4.61cm，沉陷率分别为 0.1％、0.15％、0.17％和 0.31％。

工况 1～4 下混凝土防渗墙土石坝坝顶永久沉降分别为 1.10cm、1.13cm、1.65cm 和 3.72cm，沉陷率分别为 0.07％、0.08％、0.11％和 0.25％。可见混凝土防渗墙土石坝无论是坝顶最大实时沉降还是永久沉降均随输入地震动强度增加而增加。

将高聚物防渗墙土石坝和混凝土防渗墙土石坝最大实时沉降和坝顶永久沉降结果绘图，见图 4.48 和图 4.49。

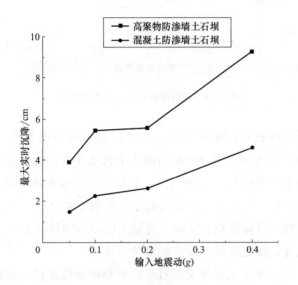

图 4.48　两组试验坝顶最大实时沉降对比

由图 4.48 和图 4.49 可知：两组试验最大实时沉降和坝顶永久沉降均随输入地震动强度的增加而增加；工况 1～4 下高聚物防渗墙土石坝的最大实时沉降大于混凝土防渗墙土石坝；工况 1～4 下高聚物防渗墙土石坝的坝顶永久沉降小于混凝土防渗墙土石坝的坝顶永久沉降，其坝顶永久沉降分别为混凝土防渗墙土石坝的 11％、13％、18％和 63％。

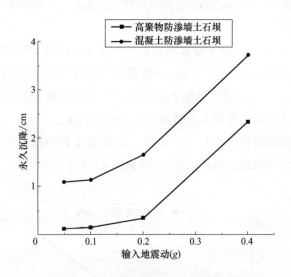

图 4.49　两组试验坝顶永久沉降对比

　　分析原因如下：混凝土防渗墙的体积一般为高聚物防渗墙的 20～40 倍，刚度为高聚物防渗墙的几十到几百倍。由于混凝土防渗墙的体积大（质量大），且刚度大，施加相同的地震作用时，相比较高聚物防渗墙，其实时变形相对较小，约束了坝体进一步发生实时变形的可能，当地震动完成时，混凝土防渗墙同样约束了坝体实时变形的恢复，致使坝体弹性变形部分不能完全恢复，所以混凝土防渗墙土石坝坝顶永久沉降大。对于高聚物防渗墙来说，体积小（质量轻），刚度与土体基本一致，可以实现与坝体的协调变形，地震动发生时，坝体可以恢复土体原本的弹性变形，致使实时沉降大，坝顶永久沉降小。

4.3.4　坝体超孔隙水压力对比分析

　　工况 1～4 下由地震作用引起的混凝土防渗墙土石坝的超孔隙水压力时程曲线见图 4.50～图 4.53。

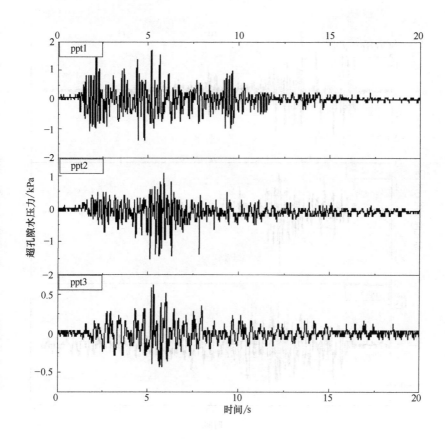

图 4.50　混凝土防渗墙土石坝超孔隙水压力时程曲线（0.05g）

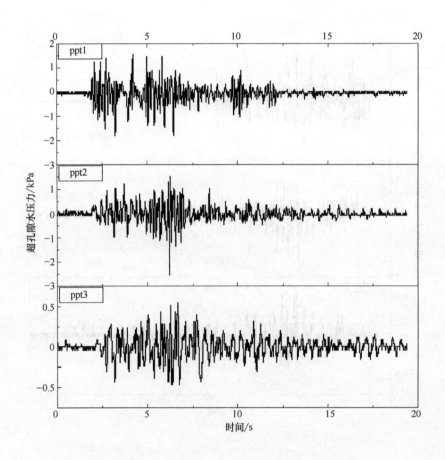

图 4.51 混凝土防渗墙土石坝超孔隙水压力时程曲线（0.1g）

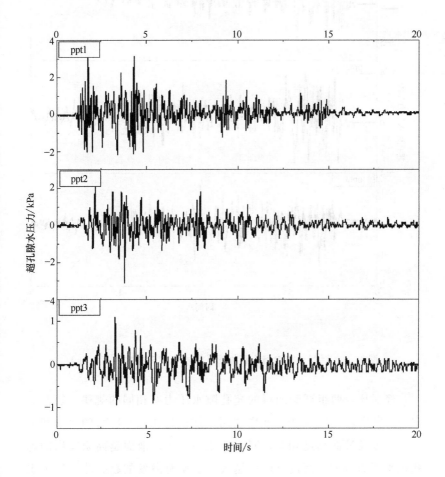

图 4.52　混凝土防渗墙土石坝超孔隙水压力时程曲线（0.2g）

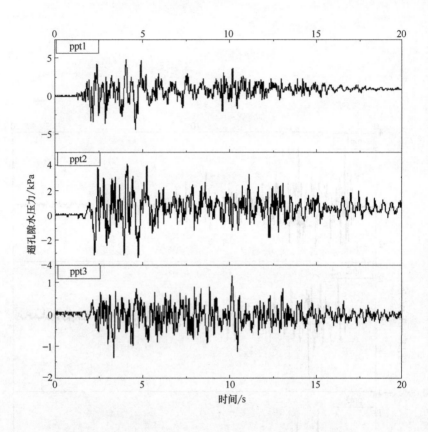

图 4.53　混凝土防渗墙土石坝超孔隙水压力时程曲线（0.4g）

　　经对比，两组试验测得的超孔隙水压力有相同的规律：超孔隙水压力随着输入地震动强度增加而增加；超孔隙水压力的大小和上覆土厚度及液面高度相关，同一覆土高度处，液面越高激发出的超孔隙水压力越大，而覆土厚度越大，受振时激发的超孔隙水压力也越大。工况 1～4 下，除 ppt3 测点外，两组试验的 ppt1 和 ppt2 的超孔隙水压力数值相差不大，分析原因可能是高聚物防渗墙土石坝试验中 ppt3 出现放置问题或故障。

4.3.5 坝体动土压力增量对比分析

将地震作用引起的混凝土防渗墙土石坝动土压力增量绘图，见图 4.54～图 4.57。由于试验中 P3 传感器出现了故障，图 4.54～图 4.57 只列出了工况 1～4 下 P1、P2、P4、P5 及 P6 的动土压力增量对比。由图 4.54～图 4.57 可以看出：混凝土防渗墙土石坝动土压力增量随输入地震动强度增加而增加；工况 1～4 下除 P6 外，混凝土防渗墙土石坝坝体无论是水平土压力增量还是竖向土压力增量均大于高聚物防渗墙土石坝。其原因将在第 5 章中结合有限元计算结果一并分析。

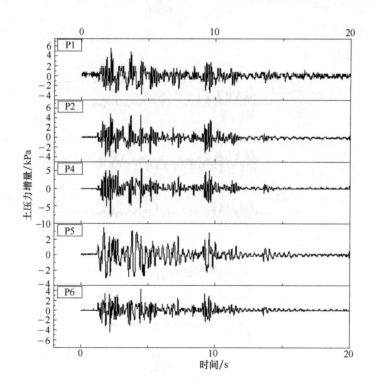

图 4.54 动土压力增量时程曲线 (0.05g)

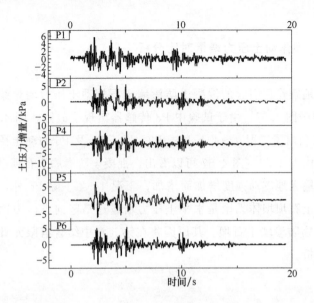

图 4.55　动土压力增量时程曲线 （0.1g）

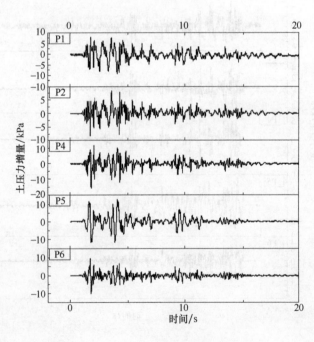

图 4.56　动土压力增量时程曲线 （0.2g）

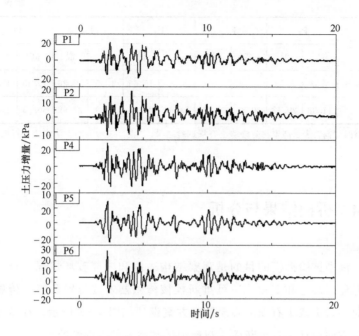

图 4.57　动土压力增量时程曲线（0.4g）

　　为进一步对比，提取出工况 1～4 下各测点最大动土压力增量，见表 4.7。下面分析高聚物防渗墙土石坝试验中 P6 增大的原因：P1 和 P5 测试上下游对称两点的竖向土压力，由表 4.7 可知，两者数值差别不大，但相对应水平土压力 P6 却比 P2 大得多，推测下游处此点附近可能在地震作用下出现了水平向"土拱效应"，造成了应力重新分布，把作用于土拱上的压力传递到拱脚 P6 上，造成了 P6 的增大。

表 4.7　两组试验最大动土压力增量对比　　　单位：kPa

工况	P1		P2		P4		P5		P6	
	高	混	高	混	高	混	高	混	高	混
1	2.16	5.61	3.07	4.68	5.48	7.83	1.80	3.47	6.51	4.38
2	2.77	5.60	3.67	5.27	6.02	8.94	2.73	6.72	9.25	6.19

工况	P1		P2		P4		P5		P6	
	高	混	高	混	高	混	高	混	高	混
3	4.83	8.97	8.06	8.43	6.43	15.66	4.35	12.26	19.45	10.05
4	11.98	20.18	20.86	17.09	13.33	25.96	6.33	27.99	50.35	24.40

注:"高"表示高聚物防渗墙土石坝试验结果;"混"表示混凝土防渗墙土石坝试验结果。

4.4 拆模结果与分析

模型试验拆模的目的是观察结构表面和内部破坏情况,查看破坏趋势、形态和变化,还可重新校核传感器安放位置和检查传感器方向。防渗墙土石坝离心模拆模方案设计如图4.58所示,在模型的宽度方向设计了三个断面,观察坝体和墙体的内部情况。

图4.58 防渗墙土石坝离心模型拆模方案

4.4.1 土石坝模型拆模结果与分析

试验结束后,从外观来看两组土石坝模型整体情况良好,经历了工况1~4下没有发生垮塌、溃坝或破坏情形,见图4.59。观察土石坝表面状况，两组土石坝表面均出现了不同程度的龟裂，并且坝体墙体之间、坝体模型箱之间出现了空隙，最大可达 5mm，见图 4.60。

(a) 高聚物防渗墙土石坝

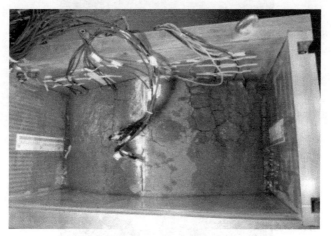

(b) 混凝土防渗墙土石坝

图 4.59　试验后土石坝模型

(a) 坝体与模型箱空隙

(b) 防渗墙与坝体空隙

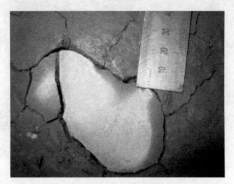

(c) 坝体表面龟裂

图 4.60　坝体表面裂缝和空隙

　　形成这些裂缝和空隙的主要原因是离心机的高速旋转使得坝体表面失水，形成了干缩裂缝。同样，由于离心机的高速旋转造成土体固结，形成了坝体与墙体、坝体与模型箱之间的空隙。经后期的开挖证实：坝体表面裂缝均未贯穿内部，只发生在土体表面。

　　根据图 4.58 进行开挖，三个断面开挖状况见图 4.61～图 4.63。

(a) 高聚物防渗墙土石坝

(b) 混凝土防渗墙土石坝

图 4.61　开挖断面一

(a) 高聚物防渗墙土石坝

(b) 混凝土防渗墙土石坝

图 4.62　开挖断面二

(a) 高聚物防渗墙土石坝

(b) 混凝土防渗墙土石坝

图 4.63　开挖断面三

从图 4.61～图 4.63 可以看出：在经历了工况 1～4 下，两组试验的土石坝内部并未出开裂、破坏等情况；且上、下游靠近坝轴线中心位置均发现了渗透液体——甲基硅油，说明两组试验完成了上游向下游的渗透。

4.4.2　防渗墙模型拆模结果与分析

两组试验防渗墙内部开挖状况见图 4.64～图 4.66。拆模断面一

(a) 高聚物防渗墙

(b) 混凝土防渗墙

图 4.64　拆模断面一

(a) 高聚物防渗墙

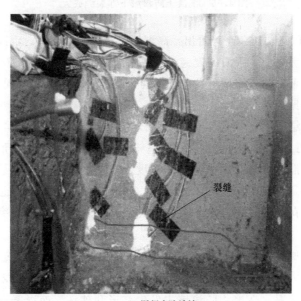

(b) 混凝土防渗墙

图 4.65　拆模断面二

图 4.66　混凝土防渗墙下部裂缝放大

见图 4.64，从图 4.64 可看出：高聚物防渗墙情形良好，混凝土防渗墙出现了贯通上、下游的裂缝。拆模断面二见图 4.65，从图 4.65 可看出：高聚物防渗墙情形良好，混凝土防渗墙墙体下部出现了裂缝，局部放大见图 4.66。

　　拆模结束后，将两组防渗墙取出并清理干净，见图 4.67。从图 4.67 可以看出：高聚物防渗墙整体状况良好，未出现变形、开裂等情况；混凝土防渗墙沿高度和宽度方向出现了贯通上、下游的裂缝，墙体下部破碎，发生了破坏，丧失了防渗性能，这也证实了 4.3.2 小节中对混凝土防渗墙土石坝 acc3 峰值加速度发生突增的原因分析。

　　综上所述：经历了工况 1～4 后，土石坝保持了较好的完整性，未出现较大的变形、滑坡、溃坝或破坏情况，坝体内部也未出现开裂和破坏情况；高聚物防渗墙未发生变形和破坏，而混凝土防渗墙在深度和宽度方向都出现了贯通上下游的裂缝，下部碎裂，墙体发生了破坏，丧失了使用性能。

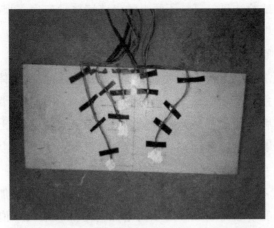

(a) 高聚物防渗墙土石坝

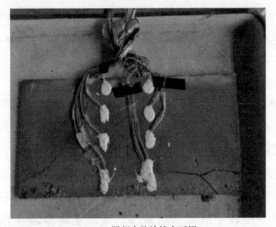

(b) 混凝土防渗墙土石坝

图 4.67　试验后防渗墙情形

4.5　本章小结

本章对比分析了高聚物防渗墙土石坝和混凝土防渗墙土质堤坝

的动力离心试验结果，研究了两组防渗墙墙体动应力、坝体加速度、坝顶沉降、坝体超孔隙水压力及动土压力增量的地震响应特征及差异，探讨了原因，主要结论如下。

① 在地震作用下，高聚物防渗墙和混凝土防渗墙墙体应力均随输入地震动强度增加而增加，高聚物防渗墙墙体应力随墙高的增加呈现先减小后增大的趋势，最大值位于墙底附近；混凝土防渗墙墙体应力随着墙高的增加而减小，最大值位于墙底附近；混凝土防渗墙墙体应力大于高聚物防渗墙墙体应力，最大可达 45 倍。

② 高聚物防渗墙土石坝和混凝土防渗墙土石坝峰值加速度随输入地震动强度增加而增加，随坝高增加而增加，最大峰值加速度均在坝顶上。相较于高聚物防渗墙，混凝土防渗墙的存在一定程度上降低了坝体的加速度反应，但其降低程度随着地震动输入强度的增加有减缓之势。另外，混凝土防渗墙的存在对坝体加速度反应影响是不均匀的，在坝轴线附近区域降低了坝体的加速度反应，在下游坝坡区域增强了坝体的加速度反应。

③ 高聚物防渗墙土石坝和和混凝土防渗墙土石坝坝顶最大实时沉降和坝顶永久沉降均随输入地震动强度增加而增加，且两组试验的坝顶最大实时沉降均大于其坝顶永久沉降。高聚物防渗墙土石坝最大实时沉降大于混凝土防渗墙土石坝最大实时沉降，而其坝顶永久沉降远小于混凝土防渗墙土石坝坝顶永久沉降。主要原因为：相同地震作用下相较于高聚物防渗墙，混凝土防渗墙体积大（质量大）、刚度大，其实时变形相对较小，约束了坝体发生变形的可能；地震作用结束时，混凝土防渗墙同样约束了坝体变形的恢复，致使坝体弹性变形部分不能完全恢复，因此混凝土防渗墙土石坝坝顶永久沉降大。而高聚物防渗墙体积小（质量轻），刚度与土体基本一致，可以实现与坝体的协调变形，在地震作用下坝体亦可恢复弹性变形，致使实时坝顶沉降大、永久沉降小。

④ 高聚物防渗墙土石坝和混凝土防渗墙土石坝超孔隙水压力随输入地震动强度的增加而增加，两组试验超孔隙水压力数值相差不

大。另外，两组试验都表明，超孔隙水压力与上覆土厚度及液面的高度有关，同一覆土高度处，液面越高激发出的超孔隙水压力越大，而覆土厚度越大，受振时激发的超孔隙水压力也越大。

⑤ 高聚物防渗墙土石坝和混凝土防渗墙土石坝最大动土压力增量均随输入地震动强度增加而增加；同一测点处（P6 除外），高聚物防渗墙土石坝无论是水平土压力增量还是竖向土压力增量，均小于混凝土防渗墙土石坝。

⑥ 试验拆模结果表明：经历了工况 1～4 的地震作用后，两组土石坝均未出现较大的变形、滑坡、溃坝或破坏情况，坝体内部也未出现开裂和破坏情况；高聚物防渗墙在地震作用下未发生变形和破坏，混凝土防渗墙在深度和宽度方向均出现了贯通上下游的裂缝，下部碎裂，墙体发生了严重的破坏。

第5章 基于三维动力有限元的高聚物防渗墙土石坝抗震性能研究

5.1 概述

动力离心试验是研究岩土工程地震问题有效、先进的研究方法和试验技术[157]。然而，受到试验设备、材料经费等限制，要进行多个、重复试验非常困难，而数值计算则可以很好地解决这些难题。以数值模拟来研究高聚物防渗墙土石坝的地震响应，一方面可全面地了解地震时防渗墙和土石坝的变形或破坏情况，包括墙体应力、加速度、位移及土石坝坝体的加速度、内部应力等；另一方面可变化不同的参数来评估其对土石坝的受震影响，了解其抗震性能、破坏机理等内容[79]。由于可模拟土质堤坝的不均匀性及材料的各向异性，有限元法成为土石坝动力响应分析的主要方法之一。利用有限元法分析结果，其可靠性需要一种检核机制来加以验证，而物理模型试验正好可以对数值模拟结果进行检验。本章利用ABAQUS有限元软件，建立了基于黏弹性人工边界地震波输入方法和考虑土体黏弹性的高聚物防渗墙土石坝三维数值模型，采用显式有限元方法求解，针对高聚物防渗墙土石坝的地震响应进行了计算分析。计算结果联合试验结果，获得了高聚物防渗墙及其土石坝的地震响应特性，明确了高聚物防渗墙土石坝抗震性能及相关机理。

5.2　数值计算分析步骤

5.2.1　基于黏弹性人工边界地震动输入方法

5.2.1.1　黏弹性人工边界条件

黏弹性边界是基于衰减散射波表达，结合介质的本构关系建立起来的一种应力型人工边界条件[158]。在计算中通过沿人工边界设置一系列由线性弹簧和阻尼器组成的简单物理元件来吸收射向人工边界的波动能量和反射波的散射，从而达到模拟波射出人工边界的透射过程。其形式一般可表达为

$$\sigma_j(r_b,t) = -\rho C_j \dot{u}_j(r_b,t) - K_j u_j(r_b,t) \qquad (5.1)$$

式 (5.1) 等价于在距离点源为 r_b 的人工边界 j 点上连接一个阻尼系数为 ρC_j 的阻尼器和一个刚度系数为 K_j 的线性弹簧。其物理意义相当于在边界结点每个方向施加一个一端固定的单向弹簧-阻尼元件（图 5.1）。以黏性阻尼吸能作用和弹簧刚性恢复作用模拟无限介质对近场的影响。

以上黏弹性人工边界是基于全空间波动理论推导得出的，用于半空间问题时，引入人工边界参数 a_T、a_N 对人工边界进行修正，则三维黏弹性人工边界等效物理系统的弹性系数和阻尼系数 K_j、C_j 分别如下。

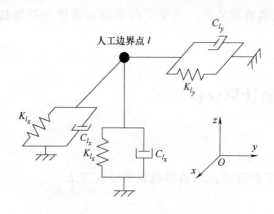

图 5.1　应力人工边界物理意义三维示意

切向边界

$$K_{jT} = a_T \frac{G}{R}, \quad C_{jT} = \rho c_S \tag{5.2}$$

法向边界

$$K_{jN} = a_N \frac{G}{R}, \quad C_{jN} = \rho c_P \tag{5.3}$$

式中，K_{jT}、K_{jN} 分别为弹簧切向和法向刚度；R 为波源至人工边界点的距离；c_S、c_P 分别为 S 波和 P 波波速；G 为介质剪切模量；ρ 为介质的密度；a_T、a_N 分别为切向和法向黏弹性人工边界参数。人工边界参数取值可参照表 5.1。

表 5.1　人工边界参数取值

人工边界参数	取值范围	推荐参数
a_N	1~2.0	1.33
a_T	0.5~1.0	0.67

5.2.1.2　基于多源集中黏弹性人工边界地震波输入方法

基于多源集中黏弹性人工边界地震波输入采用杜修力等[159] 提

出的波场分解的方法进行。

基于波场分解方法，无限域外总波场 u^{T} 可看成是由散射场 u^{S} 和无结构影响的自由场 u^{F} 组成的，散射场 u^{S} 由黏弹性边界方法确定，自由场 u^{F} 可由入射位移场解析确定[160]。总波场为

$$u^{\mathrm{T}} = u^{\mathrm{S}} + u^{\mathrm{F}} \tag{5.4}$$

由运动方程，人工边界上任一点 l 的运动可写为

$$m_l \ddot{u}^{\mathrm{T}}_{li} + \sum_n \sum_j c_{linj} \dot{u}^{\mathrm{T}}_{nj} + \sum_n \sum_j k_{linj} u^{\mathrm{T}}_{nj} = f^{\mathrm{F}}_{li} + f^{\mathrm{S}}_{li} \tag{5.5}$$

式中，f^{F}_{li} 和 f^{S}_{li} 分别为由于自由场反应和散射场反应在人工边界结点产生的力。

由黏弹性边界公式［式（5.1）］可知

$$f^{\mathrm{S}}_{li} = (-K_{li} u^{\mathrm{S}}_{li} - C_{li} \dot{u}^{\mathrm{S}}_{li}) A_l \tag{5.6}$$

式中，$A_l = \sum_{e=1}^{N} A_{le}$ 为结点 l 黏弹性边界应力的作用范围；N 为与结点 l 相关的单元数目；A_{le} 为单元 e 上黏弹性边界的作用范围，对三维问题，A_{le} 为单元边界面面积的 $1/4$。

根据黏弹性人工边界及波场分解概念，有

$$f^{\mathrm{S}}_{li} = [-K_{li}(u^{\mathrm{T}}_{li} - u^{\mathrm{F}}_{li}) - C_{li}(\dot{u}^{\mathrm{T}}_{li} - \dot{u}^{\mathrm{F}}_{li})] A_l \tag{5.7}$$

将式（5.7）代入式（5.5）后，整理得

$$m_l \ddot{u}^{\mathrm{T}}_{li} + \sum_n \sum_j c_{linj} \dot{u}^{\mathrm{T}}_{nj} + A_l C_{li} \dot{u}^{\mathrm{T}}_{li} + \sum_n \sum_j k_{linj} u^{\mathrm{T}}_{nj} + A_l K_{li} u^{\mathrm{T}}_{li}$$
$$= f^{\mathrm{F}}_{li} + A_l K_{li} u^{\mathrm{F}}_{li} + A_l C_{li} \dot{u}^{\mathrm{F}}_{li} \tag{5.8}$$

该式为边界结点 l 的运动方程，可与内部计算区结点一样用显式积分方法求解。合并刚度和阻尼系数后，式（5.8）可进一步写为

$$m_l \ddot{u}^{\mathrm{T}}_{li} + \sum_n \sum_j (c_{linj} + \delta_{ln} \delta_{ij} A_l C_{li}) \dot{u}^{\mathrm{T}}_{nj} + \sum_n \sum_j (k_{linj} + \delta_{ln} \delta_{ij} A_l K_{li}) u^{\mathrm{T}}_{nj}$$
$$= f^{\mathrm{F}}_{li} + A_l (K_{li} u^{\mathrm{F}}_{li} + C_{li} \dot{u}^{\mathrm{F}}_{li}) \tag{5.9}$$

式中，K_{lj}、C_{lj} 分别为边界节点 l 在 j 方向上构造的集中黏弹性人工边界时附加的弹簧、阻尼系数；$u_{lj}^{\mathrm{F}}(t)$ 为原连续介质边界节点 l 在 j 方向上的自由场；δ_{ln}、δ_{ij} 为德尔塔函数，只有当 $l=n$ 且 $i=j$ 时，黏弹性边界才起作用，即仅增加总刚度、阻尼阵中边界结点相关的对角线元素值；等号右边项为自由场在人工边界结点上产生的等效力。

根据广义胡克定律，对于各向同性弹性介质由自由场波动产生的应力场 f_{li}^{F} 可出以下结论。

对于边界点 l 的切向 j（假定方向 i 为边界节点 l 的外法向）

$$\sigma_{lj}^{\mathrm{F}}(t)=G\left[u_{lj,i}^{\mathrm{F}}(t)+u_{li,j}^{\mathrm{F}}(t)\right]=\rho C_{\mathrm{s}}^{2}\left[u_{lj,i}^{\mathrm{F}}(t)+u_{li,j}^{\mathrm{F}}(t)\right] \qquad (5.10)$$

对于边界点 l 的法向 i（假定方向 j、k 为边界节点 l 的两个切向）

$$\sigma_{li}^{\mathrm{F}}(t)=(\lambda+2G)u_{li,i}^{\mathrm{F}}(t)+\lambda\left[u_{lj,j}^{\mathrm{F}}(t)+u_{lk,k}^{\mathrm{F}}(t)\right]$$

$$=\rho C_{\mathrm{p}}^{2}\left[u_{li,i}^{\mathrm{F}}(t)+\frac{\nu}{1-\nu}\left[u_{lj,j}^{\mathrm{F}}(t)+u_{lk,k}^{\mathrm{F}}(t)\right]\right] \qquad (5.11)$$

式中，C_{s}、C_{p} 分别为介质剪切波波速和膨胀波波速；λ、G 分别为介质拉梅常数和剪切模量；ρ、ν 分别为介质密度和泊松比；i、j、k 分别为边界节点 l 所在局部坐标系的三个正方向，其中 i 为外法向方向；$u_{li,j}^{\mathrm{F}}(t)$ 为原连续介质边界节点 l 在 i 方向上的自由场沿 j 方向的偏导数。

由式（5.9）知，地震动强度的输入可以通过在人工边界点上施加相应的等效力来实现，有效应力由地震波在自由场中边界点产生的应力和克服弹簧-阻尼系统所需的抗力组成，所以边界点上地震波的输入可转化为求解边界点处的等效力，该方法所示的以等效力方法实现的地震波输入方法对垂直入射和斜入射都适用。该书在计算中采用的是地震 SV 波从模型底部垂直入射。

5.2.2　本构模型的选择

5.2.2.1　土石坝

土石坝计算分析包括静力和动力两部分。静力分析采用邓肯张 $E\text{-}B$ 非线性弹性模型[161]。

$$E_t = K p_a \left(\frac{\sigma_3}{p_a}\right)^n \left[1 - R_f \frac{(1-\sin\varphi)(\sigma_1-\sigma_3)}{2c\cos\varphi + 2\sigma_3\sin\varphi}\right]^2 \qquad (5.12)$$

$$E_{ur} = K_{ur} p_a \left(\frac{\sigma_3}{p_a}\right)^n \qquad B_t = K_b p_a \left(\frac{\sigma_3}{p_a}\right)^m \qquad (5.13)$$

式中，E_t 为切线模量；E_{ur} 为卸载、再加载的弹性模量；B_t 为体积模量；K 为弹性模数；K_b 为体积模数；m、n 分别为体积模量指数和弹性模量指数；p_a 为大气压；σ_1 和 σ_3 为大小主应力；R_f 为破坏比；c、φ 为土料的黏聚力和内摩擦角。

$$\varphi = \varphi_0 - \Delta\varphi \lg\left(\frac{\sigma_3}{p_a}\right) \qquad (5.14)$$

动力分析采用等效线性黏弹性模型。在本构关系中，土体材料是黏弹性体[162]，其非线性和滞后性主要通过等效剪切模量及等效阻尼比来反映。它的基本原理是把材料应力-应变关系所体现出的滞回环等价地用倾角和面积相等的椭圆来表示，并在此基础上得到动剪切模量及阻尼比。

动剪切模量的计算式为

$$G = \frac{G_{max}}{1 + \dfrac{\gamma}{\gamma_r}} \qquad (5.15)$$

式中，γ_r 为地震过程中的参考剪应变；γ 为动剪应变。

阻尼比的计算式为

$$\lambda = \lambda_{\max} \frac{\dfrac{\gamma}{\gamma_r}}{1 + \dfrac{\gamma}{\gamma_r}} \tag{5.16}$$

最大动剪切模量的计算式为

$$G_{\max} = K_m P_a \left(\frac{\sigma_0}{P_a}\right)^m \tag{5.17}$$

式中，K_m 和 m 为参数，通过动力特性试验测定；p_a 为大气压；σ_0 为围压。

G 和 λ 迭代是否收敛的判断标准为

$$\left|\frac{G_i - G_{i-1}}{G_{i-1}}\right| \leqslant 10\% \qquad \left|\frac{\lambda_i - \lambda_{i-1}}{\lambda_{i-1}}\right| \leqslant 10\% \tag{5.18}$$

根据文献 [132] 的程序步骤，通过 Fortran 编程实现动力计算分析。

5.2.2.2 防渗墙

在本书的计算模型中混凝土防渗墙相对于坝体体积较小，而其刚度却比土体刚度大得多。在分析时按照 ABAQUS 软件中的混凝土损伤模型模拟混凝土特性[163]。

高聚物材料的应力-应变关系可以近似为直线变化，随着应力的进一步继续增大，曲线呈现近似屈服变化。考虑到高聚物防渗墙在工作过程中承受的最大应力达不到 1MPa，本书对高聚物防渗墙进行有限元计算分析时高聚物材料采用线弹性模型模拟[163]。结合弯曲元试验得出的高聚物注浆材料动力特性，其参数见表 5.2。

表 5.2　高聚物防渗墙材料参数

密度 $\rho/(g/cm^3)$	动弹性模量 E/MPa	泊松比 ν
0.26	89.22	0.2

5.2.3　防渗墙土石坝三维动力有限元数值模型的建立

5.2.3.1　基本假定

防渗墙土石坝三维有限元数值模型的建立涉及坝体结构、防渗墙及地震波的输入等多种因素，为了建立合理的、符合实际工程情况的计算模型，同时考虑计算效率，在计算中做了如下假定：

① 开挖前及注浆前的坝体原位应力的改变不考虑，坝体内部初应力为静水压力与土压力；

② 假定地震 SV 波从坝体底部垂直向上入射，入射输入面为 $-15m$ 的界面；

③ 有限元模拟中防渗墙体和坝体的接触面采用 Goodman 无厚度单元。

5.2.3.2　边界条件设定及地震波的输入

土层模型上边界为自由边界，四周及底部均采用近似无反射的黏弹性人工边界，具体计算参数可由式（5.1）～式（5.3）计算求得。地震波的输入方法采用基于黏弹性人工边界理论的等效力输入方法。计算中输入地震波记录为 1940 年美国 EL-Centro 波的记录，按 SV 波入射，持续时间为 20s，场地类别为 Ⅱ 类，在计算时采用 4 种工况，地震烈度分别为 6 度、7 度、8 度、9 度，对应的地震峰值为 $0.05g$、$0.1g$、$0.2g$ 和 $0.4g$，见表 5.3。在计算等效地震动荷载时用到的地震波速度和位移时程由加速度时程滤波与积分后得到，其中 $0.1g$ 时输入的地震波时程见图 5.2。

表 5.3　防渗墙土石坝数值计算工况

工况	地震波峰值(g)	输入波形	持续时间/s	水位/m
1	0.05	EL-Centro 波	20	8.6
2	0.1	EL-Centro 波	20	8.6
3	0.2	EL-Centro 波	20	8.6
4	0.4	EL-Centro 波	20	8.6

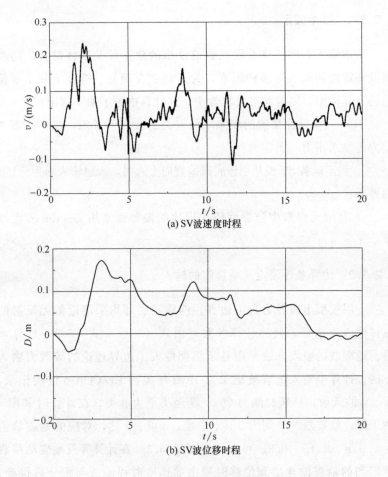

(a) SV波速度时程

(b) SV波位移时程

图 5.2　输入的地震波时程

5.2.3.3　数值模型的建立

数值模型中坝基尺寸为 290m×100m×15m（长度×宽度×高度）；坝体顶部宽 5.6m，底部宽 89.6m，高 15m，沿 z 向延伸 100m；高聚物防渗墙尺寸为高度 17m，厚度 0.02m，沿 z 向延伸 100m；混凝土防渗墙尺寸为高度 17m，厚度 0.5m，沿 z 向延伸 100m；网格划分采用三维六面体细化网格的缩减积分单元（C3D8R）；材料参数见表 5.4 和表 5.5。高聚物防渗墙土石坝有限元模型共划分了 29040 个节点、24480 个单元，如图 5.3 所示。

表 5.4　土石坝坝体材料静力计算参数

材料	重度（干）/(kN/m³)	重度（湿）/(kN/m³)	K	K_{ur}	n	R_f	K_h	m	c	φ	$\Delta\varphi$
坝体土	16.3	19.2	300	360	0.34	0.95	200	0.3	22.2	11.3	0
坝基土	16.5	19.6	320	390	0.30	0.95	215	0.3	21.6	11.8	0

表 5.5　土石坝坝体材料动力计算参数

材料	K	m	ν
坝体土	472	0.5	0.35
坝基土	500	0.5	0.30

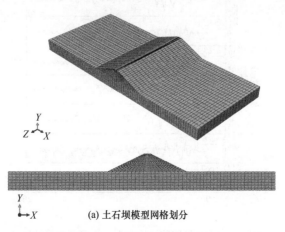

(a) 土石坝模型网格划分

图 5.3

$Z \overset{Y}{\longleftarrow}$ (b) 高聚物防渗墙模型网络划分

图 5.3　高聚物防渗墙土石坝数值模型网格划分

5.3　模型验证

5.3.1　高聚物防渗墙土石坝有限元数值模型验证

将工况 1～4 下高聚物防渗墙土石坝坝体加速度计算结果列图，见图 5.4～图 5.7，坝体计算点布置同试验测点布置，详见图 3.35。将试验结果（图 4.9～图 4.12）与计算结果（图 5.4～图 5.7）进行对比，两者的时程曲线波形趋势基本一致。

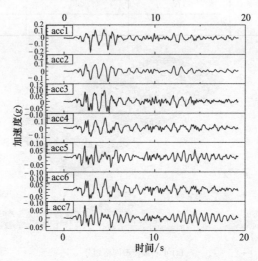

图 5.4　地震作用下高聚物防渗墙土石坝加速度计算结果（0.05g）

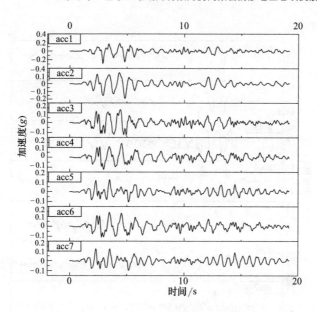

图 5.5 地震作用下高聚物防渗墙土石坝加速度计算结果（0.1g）

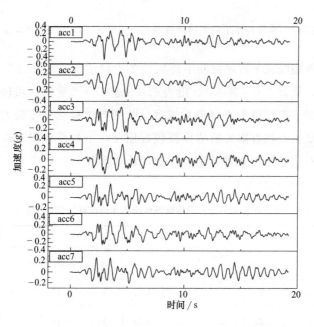

图 5.6 地震作用下高聚物防渗墙土石坝加速度计算结果（0.2g）

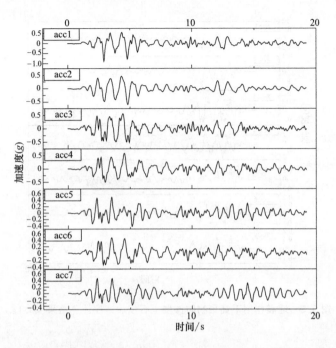

图 5.7   地震作用下高聚物防渗墙土石坝加速度计算结果（0.4g）

将坝轴线、上游坝坡和下游坝坡各点峰值加速度计算值与试验值列表，见表 5.6～表 5.8。由表 5.6～表 5.8 可看出：坝轴线、上游坝坡和下游坝坡各点峰值加速度计算值与试验值比较接近，高聚物防渗墙土石坝有限元数值模型较好地反映了地震作用下高聚物防渗墙土石坝坝体加速度响应。因此，认为高聚物防渗墙土石坝有限元数值模型是合理的。

表 5.6   高聚物防渗墙土石坝坝轴线处峰值加速度计算值与试验值对比

工况	acc1(g)		相对误差/%	acc2(g)		相对误差/%	acc3(g)		相对误差/%
	试验值	计算值		试验值	计算值		试验值	计算值	
1	0.19	0.20	5	0.14	0.12	14	0.10	0.09	10
2	0.23	0.28	22	0.22	0.19	12	0.16	0.13	19

工况	acc1(g)		相对误差/%	acc2(g)		相对误差/%	acc3(g)		相对误差/%
	试验值	计算值		试验值	计算值		试验值	计算值	
3	0.43	0.48	12	0.36	0.30	17	0.27	0.27	0
4	0.83	0.89	7	0.70	0.60	14	0.47	0.55	17

表 5.7　高聚物防渗墙土石坝上游坝坡峰值加速度计算值与试验值对比

工况	acc4(g)		相对误差/%	acc5(g)		相对误差/%
	试验值	计算值		试验值	计算值	
1	0.12	0.10	17	0.08	0.08	0
2	0.14	0.14	0	0.10	0.12	20
3	0.30	0.29	3	0.25	0.25	0
4	0.52	0.58	12	0.45	0.49	9

表 5.8　高聚物防渗墙土石坝下游坝坡峰值加速度计算值与试验值对比

工况	acc6(g)		相对误差/%	acc7(g)		相对误差/%
	试验值	计算值		试验值	计算值	
1	0.10	0.096	4	0.07	0.072	3
2	0.13	0.14	8	0.12	0.12	0
3	0.27	0.31	15	0.23	0.26	13
4	0.42	0.48	14	0.44	0.46	5

5.3.2　混凝土防渗墙土石坝有限元数值模型验证

将工况 1～4 下混凝土防渗墙土石坝坝体加速度计算结果列图，见图 5.8～图 5.11，坝体计算点布置同试验测点布置，详见图 3.35。

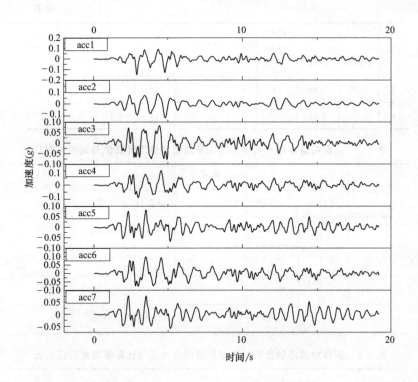

图 5.8　地震作用下混凝土防渗墙土石坝加速度计算结果（0.05g）

　　将试验结果（图 4.35～图 4.38）与计算结果（图 5.8～图 5.11）进行对比，两者的时程曲线波形趋势基本一致。

　　将坝轴线、上游坝坡和下游坝坡各点峰值加速度计算值与试验值列表，见表 5.9～表 5.11。由于试验中 acc3 在工况 4 下发生了破坏，数值突变，除去此点以外，由表 5.9～表 5.11 可看出：坝轴线、上游坝坡和下游坝坡各点峰值加速度计算值与试验值比较接近，混凝土防渗墙土石坝有限元数值模型较好地反映了混凝土防渗墙土石坝坝体加速度响应。因此，认为混凝土防渗墙土石坝有限元数值模型是合理的。

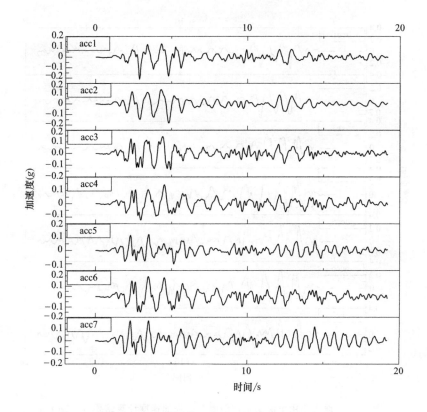

图 5.9　地震作用下混凝土防渗墙土石坝加速度计算结果（0.1g）

表 5.9　混凝土防渗墙土石坝坝轴线处峰值加速度计算值与试验值对比

工况	acc1(g)		相对误差/%	acc2(g)		相对误差/%	acc3(g)		相对误差/%
	试验值	计算值		试验值	计算值		试验值	计算值	
1	0.14	0.15	7	0.11	0.11	0	0.10	0.09	10
2	0.17	0.20	18	0.14	0.18	28	0.12	0.14	17
3	0.33	0.33	0	0.30	0.25	17	0.25	0.21	16
4	0.75	0.76	1	0.56	0.59	5			

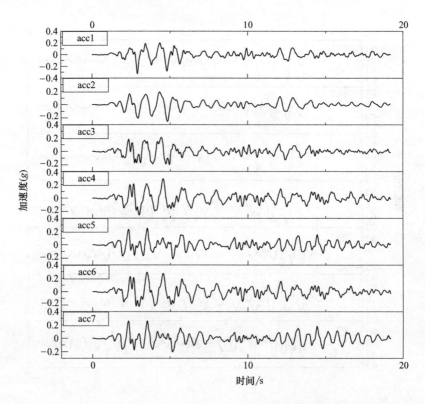

图 5.10　地震作用下混凝土防渗墙土石坝加速度计算结果（0.2*g*）

表 5.10　混凝土防渗墙土石坝上游坝坡峰值加速度计算值与试验值对比

工况	acc4(*g*)		相对误差/%	acc5(*g*)		相对误差/%
	试验值	计算值		试验值	计算值	
1	0.11	0.10	10	0.07	0.08	14
2	0.15	0.14	7	0.13	0.12	8
3	0.29	0.29	0	0.23	0.25	9
4	0.58	0.58	0	0.43	0.49	14

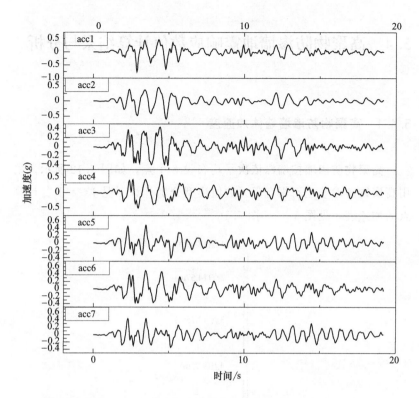

图 5.11　地震作用下混凝土防渗墙土石坝加速度计算结果 (0.4g)

表 5.11　混凝土防渗墙土石坝下游坝坡峰值加速度计算值与试验值对比

工况	acc6(g)		相对误差/%	acc7(g)		相对误差/%
	试验值	计算值		试验值	计算值	
1	0.11	0.10	9	0.08	0.076	5
2	0.17	0.19	12	0.15	0.17	13
3	0.27	0.29	7	0.25	0.26	4
4	0.56	0.50	11	0.48	0.44	8

5.4 高聚物防渗墙地震响应数值计算结果与分析

5.4.1 高聚物防渗墙墙体加速度

高聚物防渗墙按墙深依次平均布设 8 个点，如图 5.12 所示。采用高聚物防渗墙土石坝有限元数值模型分别计算工况 1～4 下各计算点的加速度，见图 5.13～图 5.16。

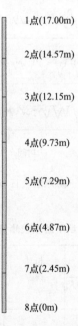

1点(17.00m)

2点(14.57m)

3点(12.15m)

4点(9.73m)

5点(7.29m)

6点(4.87m)

7点(2.45m)

8点(0m)

图 5.12 高聚物防渗墙墙体计算点布置

从图 5.13～图 5.16 可看出：高聚物防渗墙各点加速度随着输入地震动强度的增加而增加，随着墙高的增加而增加。为进一步研究，提取工况 1～4 下各点的峰值加速度，见图 5.17，其中 $h/H=0$ 为墙底，$h/H = 1.0$ 为墙顶。从图 5.17 可看出：墙体峰值加速度随输入地震动强度增加而增加，随墙高增加而增加，最大峰值加速度位于墙顶附近，工况 1～4 下最大峰值加速度分别为：$0.18g$、$0.25g$、$0.49g$ 和 $0.99g$。

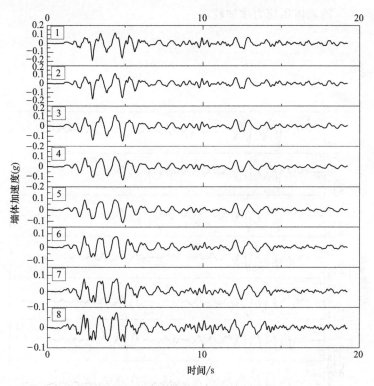

图 5.13　地震作用下高聚物防渗墙各点加速度计算结果（$0.05g$）

5.4.2　高聚物防渗墙墙体动应力

5.4.2.1　高聚物防渗墙墙体压应力数值计算结果分析

提取工况 1～4 下各计算点的最大压应力，见图 5.18，计算点布置见图 5.12，其中 $h/H = 0$ 为墙底，$h/H = 1.0$ 为墙顶。

从图 5.18 可以看出：在工况 1～4 下，墙体压应力随墙高增加呈现先减小后增大的趋势，墙体最大压应力位于墙底附近；工况 1～4 下墙体最大压应力分别为：134kPa、147kPa、182kPa 和 259kPa。从图 5.18 还可以看出，工况 1～3 下墙体压应力增幅较为均匀，而工况 4 下的墙体压应力增加较多。

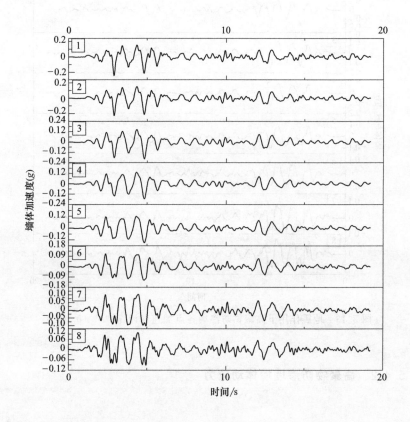

图 5.14 地震作用下高聚物防渗墙各点加速度计算结果（0.1g）

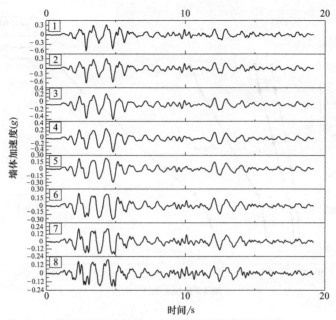

图 5.15　地震作用下高聚物防渗墙各点加速度计算结果（0.2g）

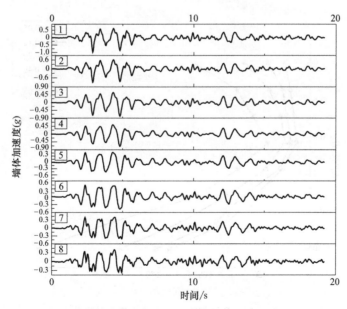

图 5.16　地震作用下高聚物防渗墙各点加速度计算结果（0.4g）

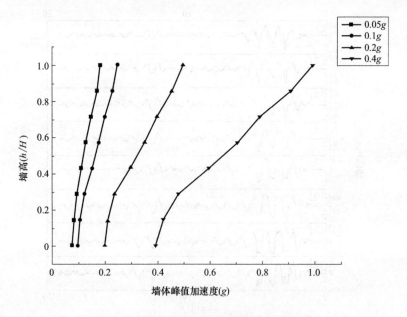

图 5.17　高聚物防渗墙墙体峰值加速度计算值

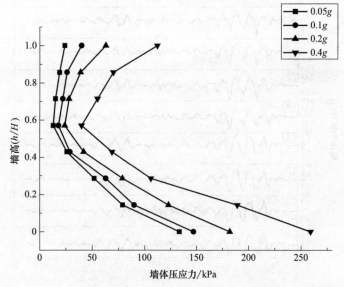

图 5.18　高聚物防渗墙墙体压应力计算值

5.4.2.2　高聚物防渗墙墙体拉应力数值计算结果分析

提取工况 1～4 下各点的最大拉应力，见图 5.19，计算点布置见图 5.12，其中 $h/H=0$ 为墙底，$h/H=1.0$ 为墙顶。从图 5.19 可以看出：墙体拉应力随输入地震动强度增加而增加，随着墙高增加呈现先减小后增大的趋势，墙体最大拉应力位于墙底附近，工况 1～4 下墙体最大拉应力分别为：44kPa、53kPa、66kPa 及 100kPa。从图 5.19 还可以看出，工况 1～3 下墙体拉应力增幅较为均匀，而工况 4 下的墙体拉应力增加较多。

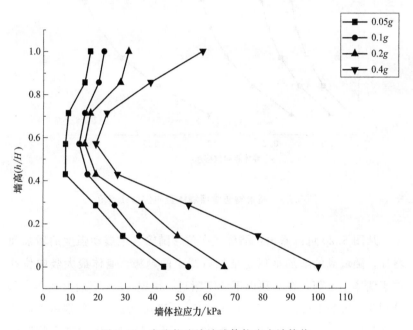

图 5.19　高聚物防渗墙墙体拉应力计算值

5.4.3　高聚物防渗墙墙体位移

提取工况 1～4 下各点的最大竖向位移和水平位移，见图 5.20

和图 5.21，计算点布置见图 5.12，其中 $h/H=0$ 为墙底，$h/H=1.0$ 为墙顶。

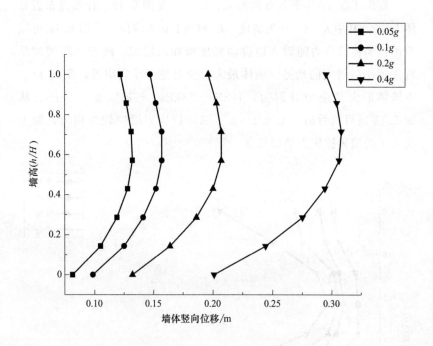

图 5.20　高聚物防渗墙墙体竖向位移计算值

从图 5.20 可以看出：墙体竖向位移随输入地震动强度的增加而增加，随墙高的增加呈现先增加后减小的趋势，墙体最大竖向位移位于墙体中上部，在墙顶以下 4/7 附近。工况 1～4 下最大竖向位移分别为：0.132cm、0.157cm、0.207cm 和 0.308cm，分别占墙高的 0.008%、0.01%、0.014%及 0.02%，可见地震作用对高聚物防渗墙的竖向位移影响很小。

从图 5.21 可以看出：墙体水平位移随输入地震动强度的增加而增加，随墙高的增加呈现先增加后减小的趋势，墙体最大水平位移位于墙体中上部，在墙顶以下 1/7 附近。4 工况下最大水平位移分别为：0.616cm、1.184cm、2.319cm 及 4.590cm。

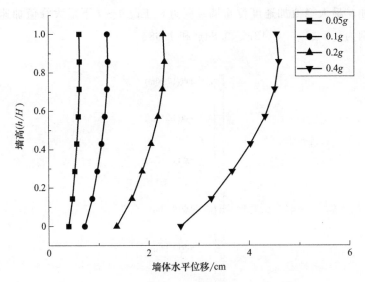

图 5.21　高聚物防渗墙墙体水平位移计算值

5.5　混凝土防渗墙地震响应数值计算结果与分析

5.5.1　混凝土防渗墙墙体加速度

混凝土防渗墙按墙深依次平均布设 8 个点，如图 5.22 所示，采用混凝土防渗墙土石坝有限元数值模型分别计算工况 1～4 下各计算点的加速度，见图 5.23～图 5.26。从图 5.23～图 5.26 可看出：混凝土防渗墙各点加速度随着输入地震动强度的增加而增加，随着墙高的增加而增加。

为进一步研究，提取工况 1～4 下各点的峰值加速度，见图 5.27，其中 $h/H=0$ 为墙底，$h/H=1.0$ 为墙顶。从图 5.27 可看出：墙体峰值加速度随输入地震动强度增加而增加，随墙高增加而增加，最大峰值加速度位于墙顶附近，工况 1～4 下最大峰值加速度分别为：0.21g、0.42g、0.84g 和 1.68g。

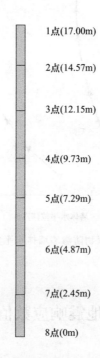

1点(17.00m)

2点(14.57m)

3点(12.15m)

4点(9.73m)

5点(7.29m)

6点(4.87m)

7点(2.45m)

8点(0m)

图 5.22　混凝土防渗墙墙体计算点布置

5.5.2　混凝土防渗墙墙体动应力

5.5.2.1　混凝土防渗墙墙体压应力数值计算结果分析

提取工况 1～4 下各点的最大压应力，见图 5.28，其中 $h/H=0$ 为墙底，$h/H=1.0$ 为墙顶。

从图 5.28 可以看出：工况 1～4 下，墙体压应力随墙高的增加而减小，墙体最大压应力位于墙底附近。工况 1～4 下墙体最大压应力分别为：803kPa、1216kPa、1980kPa 及 3904kPa。

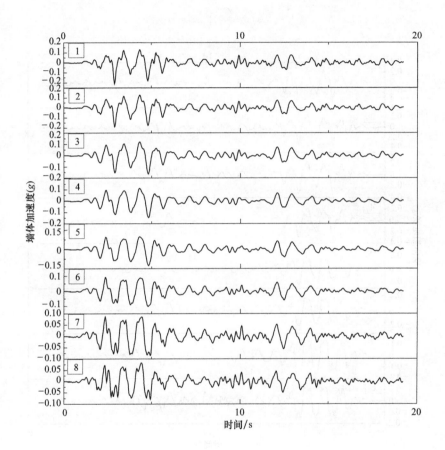

图 5.23　地震作用下混凝土防渗墙各点加速度计算结果（0.05g）

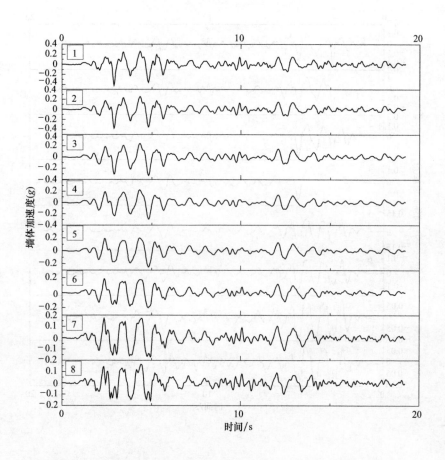

图 5.24　地震作用下混凝土防渗墙各点加速度计算结果（0.1g）

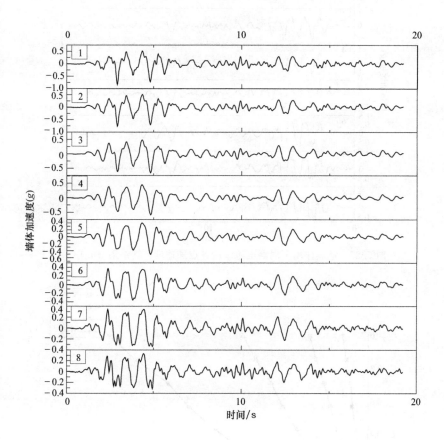

图 5.25　地震作用下混凝土防渗墙各点加速度计算结果（0.2g）

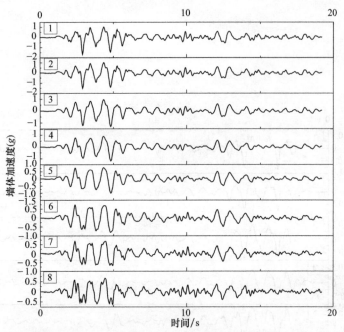

图 5.26　地震作用下混凝土防渗墙各点加速度计算结果（0.4g）

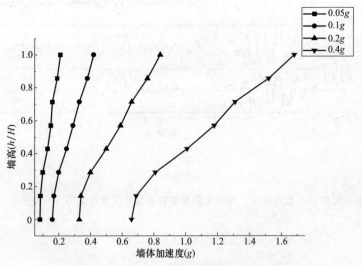

图 5.27　混凝土防渗墙墙体峰值加速度计算值

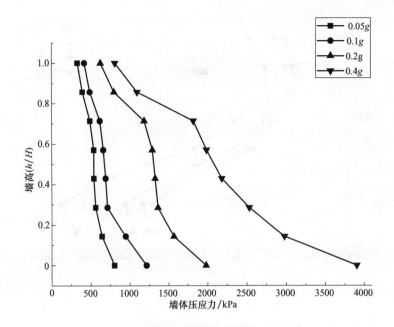

图 5.28　混凝土防渗墙墙体压应力计算值

5.5.2.2　混凝土防渗墙墙体拉应力数值计算结果分析

提取工况 1～4 下各点的最大拉应力，见图 5.29，其中 $h/H=0$ 为墙底，$h/H=1.0$ 为墙顶。从图 5.29 可以看出：墙体拉应力随输入地震动强度增加而增加，随墙高增加呈现先增加、后减小、再增加的"S"形变化趋势，墙体最大拉应力位于墙体下部，在墙底以上 1/7 附近。工况 1～4 下墙体最大拉应力分别为：1236kPa、1285kPa、1383kPa 及 1727kPa。

5.5.3　混凝土防渗墙墙体位移

采用混凝土防渗墙土石坝有限元模型计算混凝土防渗墙墙体位移，计算点布设见图 5.22。提取工况 1～4 下各点最大竖向位移和水

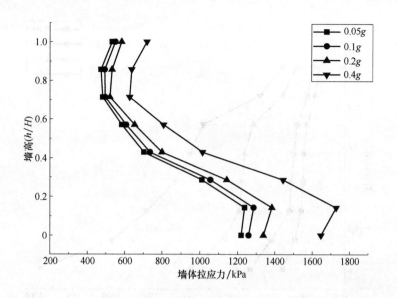

图 5.29 混凝土防渗墙墙体拉应力计算值

平位移，见图 5.30 和图 5.31，其中 $h/H=0$ 为墙底，$h/H=1.0$ 为墙顶。

从图 5.30 可以看出：墙体竖向位移随输入地震动强度的增加而增加，随墙高的增加，总体呈现减小的趋势，但在墙体的中部曲线有折返，墙体最大竖向位移位于墙体下部，在墙底以上 4/7 附近。4工况下最大竖向位移分别为 0.117cm、0.142cm、0.193cm 和 0.301cm，分别占墙高的 0.0078%、0.0094%、0.013% 及 0.02%，可见地震作用对混凝土防渗墙的竖向位移影响很小。

从图 5.31 可以看出：墙体水平位移随输入地震动强度的增加而增加，随墙高的增加呈现先增加后减小的趋势，墙体最大水平位移位于墙体上部，在墙顶以下 1/7 附近。4 工况下最大水平位移分别为：0.355cm、0.726cm、1.282cm 及 2.428cm。

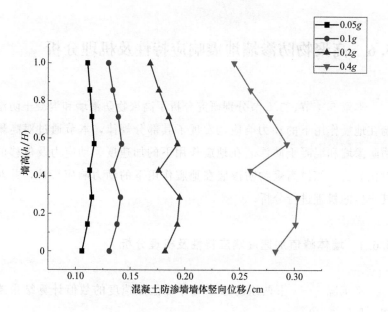

图 5.30　混凝土防渗墙墙体竖向位移计算值

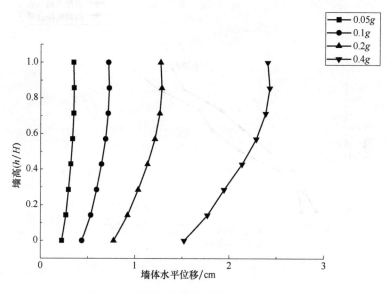

图 5.31　混凝土防渗墙墙体水平位移计算值

5.6　高聚物防渗墙地震响应特性及机理分析

本章 5.4 节、5.5 节分别研究分析了高聚物防渗墙和混凝土防渗墙在地震作用下的动力响应，发现了其部分规律，本节通过对高聚物防渗墙和混凝土防渗墙在地震作用下的加速度、动应力及位移的对比分析，探讨高聚物防渗墙在地震作用下的动力响应特性，并对其产生的机理进行分析。

5.6.1　墙体峰值加速度响应特性及机理分析

将工况 1～4 下两组防渗墙墙体峰值加速度的数值计算结果绘图，见图 5.32。

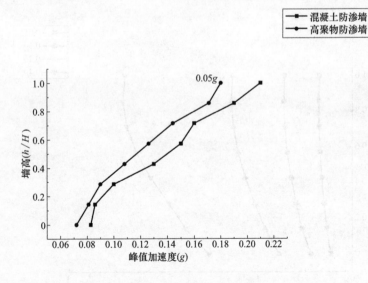

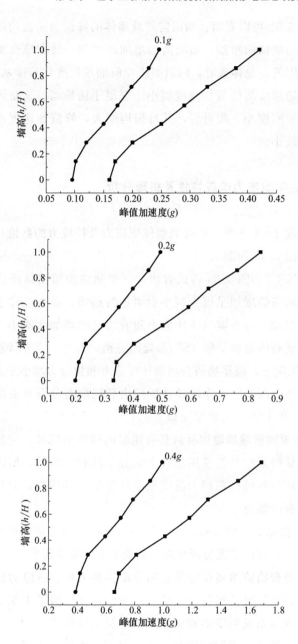

图 5.32 　两组防渗墙体峰值加速度计算结果对比

从图 5.32 可以看出：两组防渗墙墙体的峰值加速度均随输入地震动强度的增加而增加，随墙高的增加而增加，最大峰值加速度均位于墙顶附近。总体来看，两组墙体峰值加速度变化规律基本一致，但高聚物防渗墙的峰值加速度要小于混凝土防渗墙。这是因为：高聚物防渗墙刚度小、质量轻，其自振周期大，峰值加速度小，地震影响效应较小。

5.6.2 墙体动应力响应特性及机理分析

将工况 1～4 下两组防渗墙墙体压应力及拉应力的数值计算结果绘图，见图 5.33 和图 5.34。

从图 5.33 和图 5.34 可以看出：高聚物防渗墙墙体压应力及拉应力随着墙高的增加呈现先减小后增加的趋势，最大值位于墙底附近；这与混凝土防渗墙墙体压应力随着墙高的增加而减小，以及拉应力随着墙高的增加呈现"S"形规律有别。另外，需要特别强调的是：4 种工况下，高聚物防渗墙墙体压应力和拉应力均小于混凝土防渗墙，整体上高聚物防渗墙墙体压应力和拉应力分别是混凝土防渗墙的 1/11 和 1/20。可能原因如下。

① 高聚物防渗墙墙体材料具有明显的弹性体特征，它的大分子链具有足够的柔性并在使用条件下无分子间相对滑动，所以高聚物防渗墙墙体材料可以在较大的变形下产生较小的应力，并具有迅速恢复大形变的能力。

② 根据第 2 章的分析，土石坝和高聚物防渗墙动模量相近，在地震作用下，可以实现协调变形，避免了应力集中现象。

针对高聚物防渗墙在地震作用下墙体最大拉、压应力较小这一显著特性，也很容易解释第 4 章 4.4 节中：在经历了工况 1～4 后，高聚物防渗墙未发生变形和破坏，而混凝土防渗墙在深度和宽度方向都出现了贯通上下游的裂缝，下部碎裂，墙体发生了破坏，丧失了使用性能。因为由图 5.32 和图 5.33 可知：工况 4 下高聚物防渗

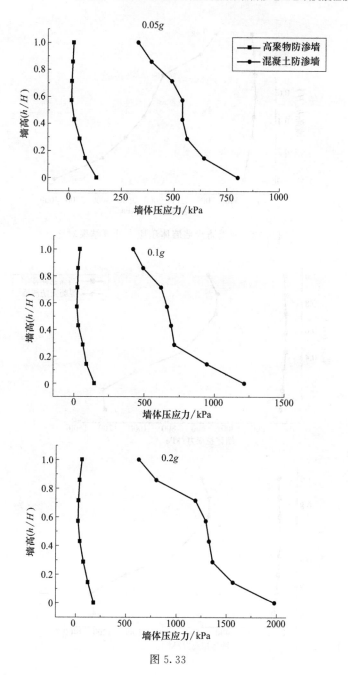

图 5.33

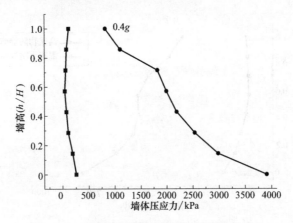

图 5.33　两组防渗墙墙体压应力计算结果对比

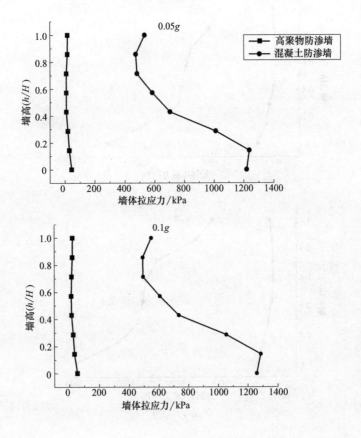

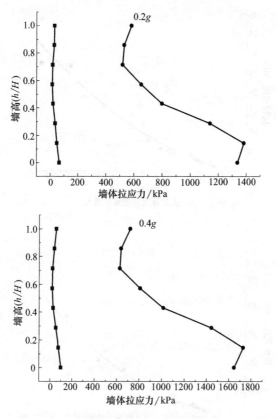

图 5.34 两组防渗墙墙体拉应力计算结果对比

墙墙体最大压应力和最大拉应力分别为 259kPa 和 100kPa，高聚物注浆材料的抗压强度和抗拉强度与密度的关系见图 5.35[164]，计算相应密度下的抗拉强度和抗压强度分别为 3350kPa 和 4540kPa，可见在工况 4 下高聚物防渗墙墙体不会出现受压、受拉破坏，而且还有较大的安全储备；工况 4 下混凝土防渗墙墙体最大压应力和最大拉应力分别为 3904kPa 和 1727kPa，混凝土防渗墙抗压和抗拉强度分别为 25000kPa 和 1500kPa[164]，可见在工况 4 下混凝土防渗墙墙体内部拉应力超过了其抗拉强度，已经受拉破坏，这和混凝土防渗墙土石坝动力离心试验结果一致。

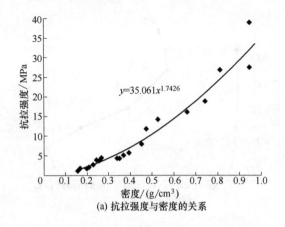

(a) 抗拉强度与密度的关系

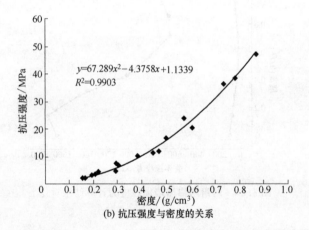

(b) 抗压强度与密度的关系

图 5.35　高聚物注浆材料抗压、抗拉强度与密度的关系

5.6.3　墙体位移响应特性及机理分析

　　将工况 1～4 下两组防渗墙墙体竖向位移和水平位移数值计算结果绘图见图 5.36 和图 5.37。从图 5.36 可以看出：高聚物防渗墙随墙高增加呈现"中间大，两头小"的趋势，这与混凝土防渗墙则呈现"折线"规律有别。从图 5.37 可以看出：两组防渗墙墙

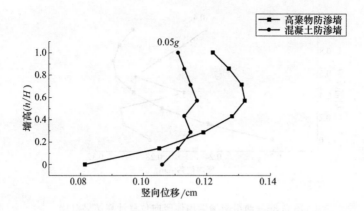

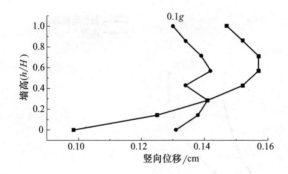

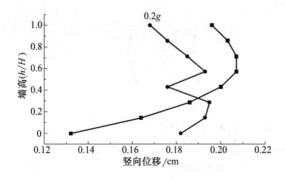

图 5. 36

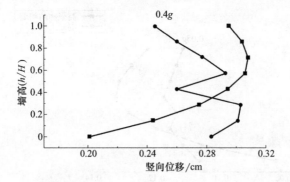

图 5.36 两组防渗墙墙体竖向位移计算结果对比

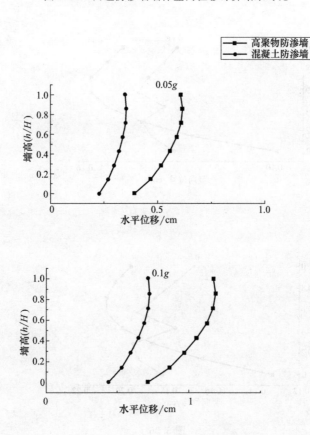

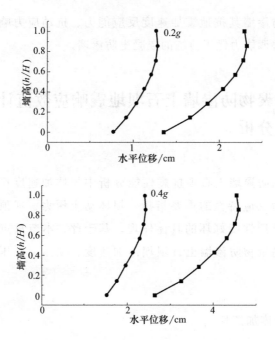

图 5.37　两组防渗墙墙体水平位移计算结果对比

体水平位移随墙高变化规律基本一致，均呈现先增大后减小的规律。

　　总体来看，高聚物防渗墙墙体竖向位移和水平位移均大于混凝土防渗墙，这是因为：两组防渗墙的竖向位移和水平位移是在地震作用下的实时位移，高聚物防渗墙为柔性墙且几何尺寸小，刚度小，易产生较大的实时位移。同时需要指出的是，高聚物防渗墙墙体材料具有明显的弹性体特征，有迅速恢复大形变的能力，致使变形易于恢复，转化为永久变形的量很小，不至于对高聚物防渗墙墙体造成损害。

　　综上所述，对两组防渗墙在地震作用下的加速度、动应力及位移等地震响应进行了分析，并探讨了相关机理，得出：传统的刚性防渗墙是土石坝抗震的不利部位，易在高烈度地震下因抗震、抗裂性不足而发生破坏；相同强度地震作用下，高延性、低弹模的高聚物防渗墙其抗地震加速度反应能力、抗动应力响应能力及整体变形协调能力优于传统的混凝土防渗墙。

5.7 高聚物防渗墙土石坝地震响应数值计算结果与分析

高聚物防渗墙土石坝抗震性能分析中坝体加速度反应是评价土石坝动力反应特性的重要指标，坝体动土压力、坝顶永久沉降等是坝体抗震性能好坏的具体体现。基于此，本节重点分析地震作用下，高聚物防渗墙土石坝坝体加速度、坝体动土压力和坝顶永久沉降。

5.7.1 坝体加速度

高聚物防渗墙土石坝坝体加速度计算点布置见图5.38。其中，坝体坝轴线处平均布设8个点，上游坝坡、下游坝坡平均布设5个点。采用高聚物防渗墙土石坝有限元数值模型分别计算工况1～4下各计算点的加速度。将坝轴线处、上游坝坡及下游坝坡各计算点的峰值加速度绘图，见图5.39～图5.41。其中 $h/H=0$ 为坝底，$h/H=1.0$ 为坝顶。

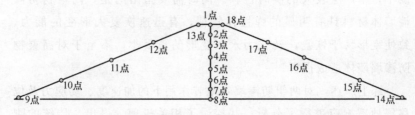

图5.38　高聚物防渗墙土石坝坝体加速度计算点布置

由图5.39可以看出：4种工况下，峰值加速度随输入地震动强

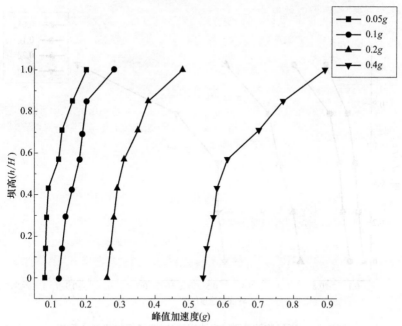

图 5.39　高聚物防渗墙土石坝坝轴线处峰值加速度计算值

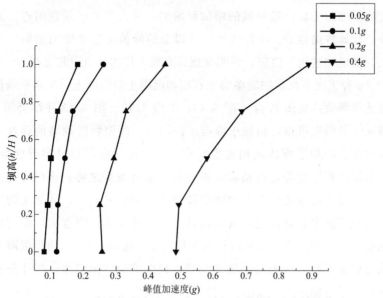

图 5.40　高聚物防渗墙土石坝上游坝坡峰值加速度计算值

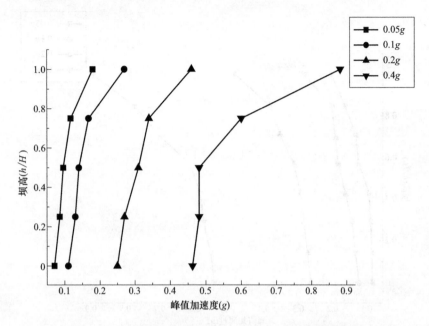

图 5.41　高聚物防渗墙土石坝下游坝坡峰值加速度计算值

度的增加而增加，随坝高的增加而增加，最大值位于坝顶附近。此外，计算数据显示：坝轴线处 4/5 以上的峰值加速度增加的幅度较大，呈现"鞭梢"效应，说明坝顶具有放大作用，应引起重视。

　　4 种工况下高聚物防渗墙土石坝和混凝土防渗墙土石坝水平峰值加速度等值线见图 5.42～图 5.45。由图 5.42～图 5.45 并结合第 4章 4.3 节研究可得：相较于混凝土防渗墙，高聚物防渗墙的存在一定程度上增加了坝体的加速度反应，主要体现在坝轴线附近区域，但其增加程度随着地震动输入强度的增加有减缓之势。这可能是因为：混凝土防渗墙和高聚物防渗墙都位于坝轴线位置，混凝土防渗墙相较于高聚物防渗墙，其几何尺寸大、质量大、刚度大，地震影响效应大，放置于土石坝内相当于加入了"吸能装置"，使得混凝土防渗墙分担较大的地震动输入能量，根据能量守恒定律，坝体分担的地震输入能量有所减小。

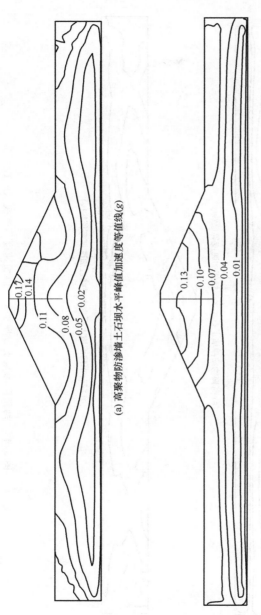

(a) 高聚物防渗墙土石坝水平峰值加速度等值线(g)

(b) 混凝土防渗墙土石坝水平峰值加速度等值线(g)

图 5.42　两组防渗墙土石坝水平峰值加速度等值线（0.05g）

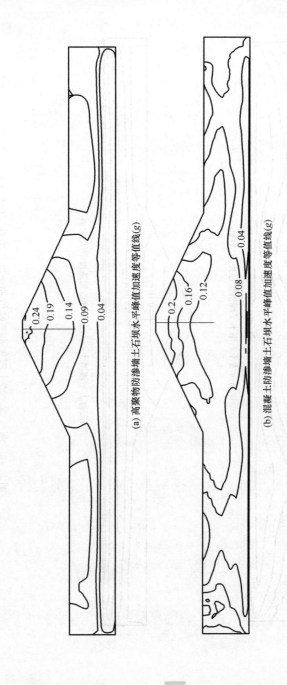

(a) 高聚物防渗墙土石坝水平峰值加速度等值线 (g)

(b) 混凝土防渗墙土石坝水平峰值加速度等值线 (g)

图 5.43　两组防渗墙土石坝水平峰值加速度等值线 (0.1g)

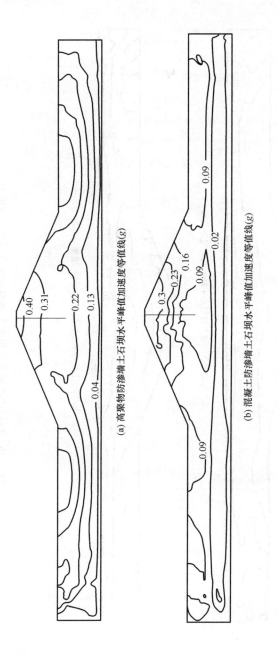

(a) 高聚物防渗墙土石坝水平峰值加速度等值线(g)

(b) 混凝土防渗墙土石坝水平峰值加速度等值线(g)

图 5.44　两组防渗墙土石坝水平峰值加速度等值线（0.2g）

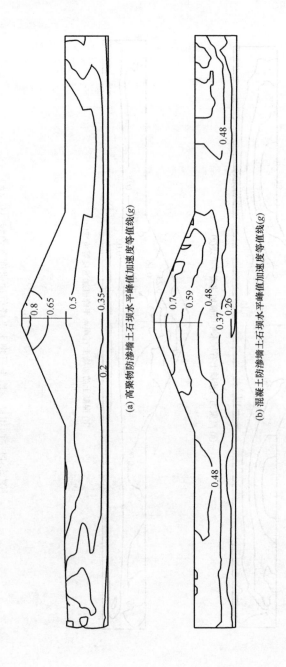

(a) 高聚物防渗墙土石坝水平峰值加速度等值线(g)

(b) 混凝土防渗墙土石坝水平峰值加速度等值线(g)

图 5.45 两组防渗墙土石坝水平峰值加速度等值线 (0.4g)

5.7.2　坝体动土压力

将 4 种工况下高聚物防渗墙土石坝最大水平土压力、最大竖向土压力分布绘图，见图 5.46～图 5.49。从图 5.46～图 5.49 可看出，高聚物防渗墙土石坝最大土压力随输入地震动强度增加而增加，随坝高的增加而减小，且最大水平土压力小于最大竖向土压力。

工况 1～4 下混凝土防渗墙土石坝最大水平土压力、最大竖向土压力等值线见图 5.50～图 5.53。从图 5.50～图 5.53 可以看出：混凝土防渗墙土石坝最大土压力随输入地震动强度增加而增加，随坝高的增加而减小，且最大水平土压力小于最大竖向土压力。4 种工况下，混凝土防渗墙土石坝最大水平土压力、最大竖向土压力都大于高聚物防渗墙土石坝最大水平土压力、最大竖向土压力。这可能是因为：混凝土防渗墙几何尺寸大、质量大、刚度大，当地震发生时，混凝土防渗墙由于不能和土体之间产生协调变形，而发生相互挤压，致使其水平土压力和竖向土压力更大。对于高聚物防渗墙来说，其几何尺寸小、质量轻、与土体动模量相近，当地震发生时坝体与墙体之间会产生协调变形，避免了相互挤压的发生，所以其水平土压力和竖向土压力增加较小。因此，在地震作用下，相较于混凝土防渗墙，高聚物防渗墙能抑制土石坝坝体的土压力增加。

从图 5.49（a）中明显可以看到与高聚物防渗墙土石坝动力离心试验相似的情况，即位于下游坝坡处的水平土压力明显增大，而混凝土防渗墙土石坝的这种情况不太明显。这从另一个方面反映：在地震作用下混凝土防渗墙土石坝发生应力集中的部位可能在混凝土防渗墙，而高聚物防渗墙土石坝由于坝与墙之间能够产生协调变形，应力集中发生在坝体下游边缘。

从图 5.50～图 5.53 的（b）图中还可看出：由于混凝土防渗墙刚度较大，对其周围土体的竖向压力产生了明显的"顶托"作用，使得局部土体的压力减小，而这种"反拱效应"会增大防渗墙体内

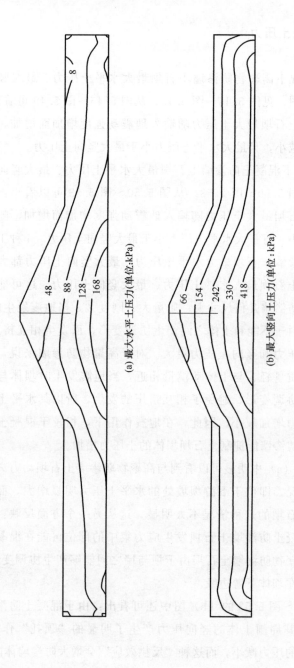

(a) 最大水平土压力(单位:kPa)

(b) 最大竖向土压力(单位:kPa)

图 5.46 高聚物防渗墙土质堤坝土压力等值线 (0.05 g)

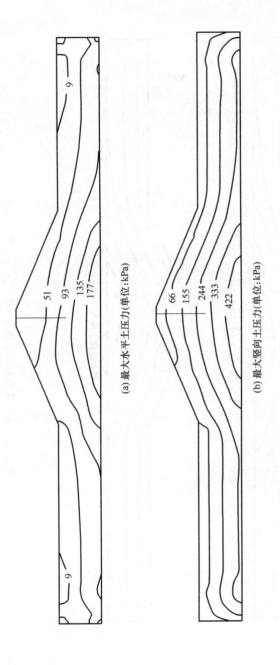

(a) 最大水平土压力(单位:kPa)

(b) 最大竖向土压力(单位:kPa)

图 5.47　高聚物防渗墙土质堤坝土压力等值线（0.1g）

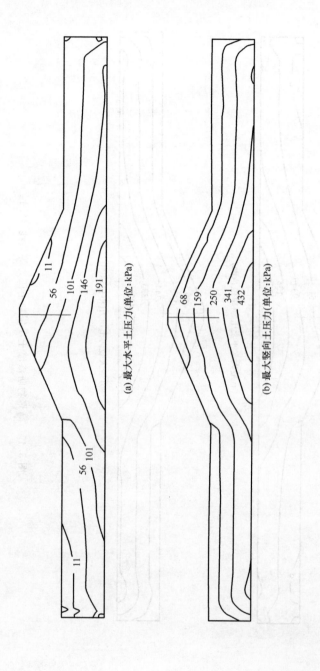

(a) 最大水平土压力(单位：kPa)

(b) 最大竖向土压力(单位：kPa)

图 5.48　高聚物防渗墙土质堤坝土压力等值线（0.2g）

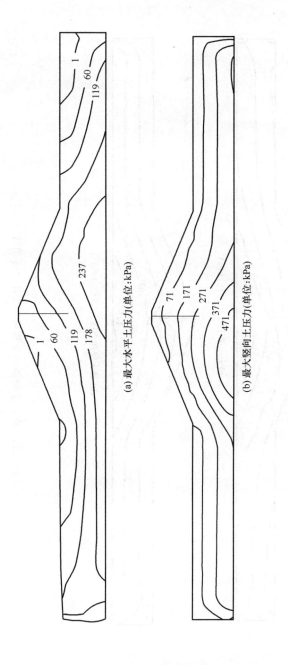

(a) 最大水平土压力(单位:kPa)

(b) 最大竖向土压力(单位:kPa)

图 5.49　高聚物防渗墙土质堤坝土压力等值线 (0.4g)

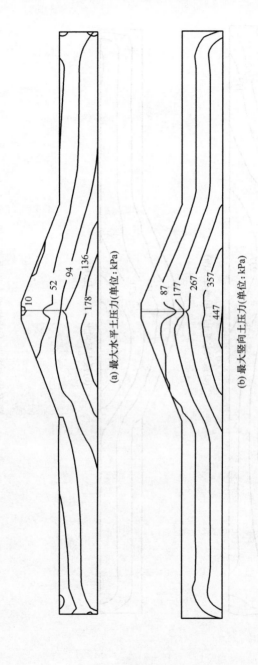

(a) 最大水平土压力(单位：kPa)

(b) 最大竖向土压力(单位：kPa)

图 5.50　混凝土防渗墙土质堤坝土压力等值线 （0.05g）

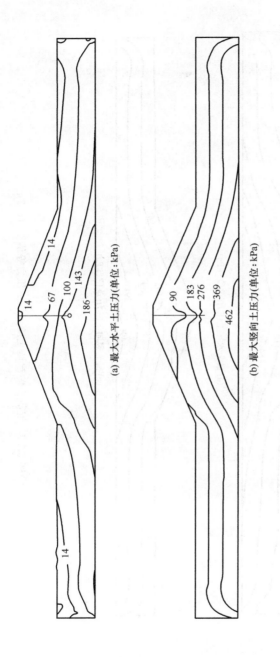

图 5.51　混凝土防渗墙土质堤坝土压力等值线　（0.1g）

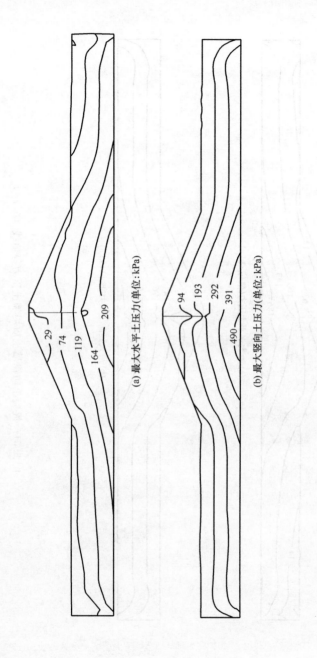

(a) 最大水平土压力(单位：kPa)

(b) 最大竖向土压力(单位：kPa)

图 5.52　混凝土防渗墙土质堤坝土压力等值线（0.2g）

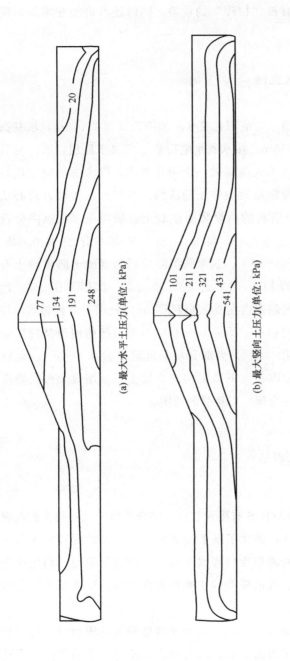

(a) 最大水平土压力(单位: kPa)

(b) 最大竖向土压力(单位: kPa)

图 5.53　混凝土防渗墙土质堤坝土压力等值线（0.4g）

229

的应力，墙体会有被"拉碎"的危险，同时还有可能在墙体两侧产生受拉裂缝。

5.7.3 坝顶永久沉降

由于试验原型——信阳九龙水库坝坝顶高程 77.15m，坝基高程 62.15m，坝高为 15m，按水利水电行业标准属于低坝，所以对其在地震作用下的坝顶永久沉降做一个简化考虑，仅考虑地震作用时坝顶永久沉降，不考虑震后坝体土的固结。基于此，在动力离心试验中，工况 1~4 下引起的高聚物防渗墙土石坝坝顶永久沉降分别为 0.12cm、0.15cm、0.34cm 和 2.34cm，沉陷率分别为 0.008%、0.01%、0.02%和 0.16%，其永久沉降分别为混凝土防渗墙土石坝的坝顶永久沉降的 11%、13%、18%和 63%。即便是在 0.4g 地震动力输入下，其沉陷率也在 0.2%以下，可见地震对高聚物防渗墙土石坝坝顶沉降影响很小。国内外土石坝地震引起的坝顶竖向残余变形实测资料均表明[78,158]，大部分坝的沉陷率为 0.4~1.0，且没有发生破坏，所以地震作用下高聚物防渗墙土石坝坝顶永久沉降没有超出预期，沉降在合理、可接受的范围。

5.8 本章小结

本章利用 ABAQUS 有限元软件，结合弯曲元试验得出的高聚物注浆材料动力特性，建立了基于黏弹性人工边界地震波输入方法和考虑土体黏弹性的高聚物防渗墙土石坝三维数值模型。利用动力离心试验结果验证了数值模型的正确性和合理性，计算结果联合试验结果得出以下结论。

① 高聚物防渗墙墙体的峰值加速度随输入地震动强度的增加而增加，随墙高的增加而增加，最大峰值加速度位于墙顶附近。这与

混凝土防渗墙墙体峰值加速度变化规律基本一致，但高聚物防渗墙的峰值加速度要小于混凝土防渗墙。这是因为：高聚物防渗墙刚度小、质量轻，其自振周期大，峰值加速度小，地震影响效应较小。

② 高聚物防渗墙墙体压应力及拉应力均随着墙高的增加呈现先减小后增加的趋势，最大值均位于墙底附近，两者在工况 4（0.4g）下还有较大的安全储备。工况 1～4 下，高聚物防渗墙墙体压、拉应力均小于混凝土防渗墙，整体上高聚物防渗墙墙体压应力和拉应力分别是混凝土防渗墙的 1/11 和 1/20。分析原因为：高聚物防渗墙墙体材料具有明显的弹性体特征，它的大分子链具有足够的柔性并在使用条件下无分子间相对滑动，所以高聚物防渗墙墙体材料可以在较大的变形下产生较小的应力，并具有迅速恢复大形变的能力；土石坝和高聚物防渗墙动模量相近，在地震作用下，可以实现协调变形，避免了应力集中现象。

③ 工况 1～4 下，高聚物防渗墙墙体最大竖向位移和最大水平位移都不大，但都略大于混凝土防渗墙墙体。这是因为：两组防渗墙的竖向位移和水平位移是在地震作用下的瞬时位移，高聚物防渗墙为柔性墙且几何尺寸小，刚度比较小，易产生较大的瞬时位移。同时高聚物防渗墙墙体材料具有明显弹性体特征，有迅速恢复大形变的能力，致使变形易于恢复，转化为永久变形的量很小，不至于对高聚物防渗墙墙体造成损害。

④ 高聚物防渗墙土石坝坝体峰值加速度随输入地震动强度增加而增加，随坝高的增加而增加，最大值位于坝顶附近；坝轴线处 4/5 以上的峰值加速度增加的幅度较大，呈现"鞭梢"效应，说明坝顶具有放大作用，应引起重视。相较于混凝土防渗墙，高聚物防渗墙的存在一定程度上增加了坝体的加速度反应，主要表现在坝轴线附近区域，但其增加程度随着地震动输入强度的增加有减缓之势。这可能是因为：混凝土防渗墙和高聚物防渗墙都位于坝轴线位置，混凝土防渗墙相较于高聚物防渗墙，其几何尺寸大、质量大、刚度大，地震影响效应大，放置于土石坝内相当于加入了"吸能装置"，使得

混凝土防渗墙分担较大的地震动输入能量，根据能量守恒定律，坝体分担的地震输入能量有所减小。

⑤ 高聚物防渗墙土石坝坝体动土压力随输入地震动强度增加而增加，随坝高的增加而减小，且最大水平土压力小于最大竖向土压力。在地震作用下，高聚物防渗墙土石坝坝体动土压力小于混凝土防渗墙土石坝。这可能是因为：混凝土防渗墙几何尺寸大、质量大、刚度大，当地震发生时，混凝土防渗墙由于不能和土体之间产生协调变形，而发生相互挤压，致使其水平土压力和竖向土压力更大。对于高聚物防渗墙来说，其几何尺寸小、质量轻、与土体动模量相近，当地震发生时坝体与墙体之间会产生协调变形，避免了相互挤压的发生，所以其水平土压力和竖向土压力增加较小。因此，在地震作用下，相较于混凝土防渗墙，高聚物防渗墙能抑制土石坝坝体的土压力增加。此外，在地震作用下混凝土防渗墙对其周围土体的竖向压力产生了明显的"顶托"作用，这种"反拱效应"会增大混凝土防渗墙体内的应力。

⑥ 工况 1～4 下引起的高聚物防渗墙土石坝坝顶永久沉降分别为 0.12cm、0.15cm、0.34cm 和 2.34cm，沉陷率分别为 0.008％、0.01％、0.02％和 0.16％，其永久沉降分别为混凝土防渗墙土石坝坝顶永久沉降的 11％、13％、18％和 63％，说明地震对高聚物防渗墙土石坝坝顶永久沉降影响很小。根据有关文献推测[165,166]：地震作用下高聚物防渗墙土石坝坝顶永久沉降没有超出预期，坝顶沉降在合理、可接受的范围。

综上所述，传统的刚性防渗墙是土石坝抗震的不利部位，易在高烈度地震下因抗震、抗裂性不足而发生破坏；相同强度地震作用下，高延性、低弹模的高聚物防渗墙其抗地震加速度反应能力、抗动应力响应能力及整体变形协调能力优于传统混凝土防渗墙。相较于混凝土防渗墙土石坝坝体，在同等强度地震作用下，相同规模的高聚物防渗墙土石坝坝顶永久沉降较小、坝体动土压力较小，而坝体加速度反应有所增加，但坝体整体抗震性能良好。

第6章 地震作用下高聚物防渗墙多目标函数优化设计

6.1 概述

工程的安全性和经济性一直是人们关注的热点，如何在高聚物防渗墙的抗震能力和建造费用之间找到一个较好的平衡点，是工程界关心的重要问题。根据第2章的研究结果，高聚物防渗墙的动、静力学特性和注浆材料密度密切相关，而其工程造价和注浆总量相关，在注浆范围确定的情况下，材料密度越大，造价越高。因此，对高聚物防渗墙抗震能力和建造费用优化的关键在于对其密度的优化。

优化设计以数学中的最优化理论为基础，根据追求的性能目标，在满足约束条件下，寻求最优设计方案。本章基于优化设计的理论，利用已验证过的有限元动力数值模型，建立目标函数，通过变化设计变量，在满足约束条件的基础上，得出高聚物防渗墙基于抗震性能的设计参数优化。

6.2 多目标函数优化设计原理

优化设计是从多种方案中选择最佳方案的设计方法。它以数学中的最优化理论为基础，以计算机为手段，根据设计所追求的性能目标，建立目标函数，变化设计变量，在满足给定的各种约束条件下，寻求最优的设计方案。

在优化设计当中，目标函数是判断方案的数学表达式，是设计变量和参数的函数，代表着结构中最重要的指标。优化设计从多个方案中找出目标函数的极值，从而选择最优方案。设计变量是在优化过程中要优选的参数，相当于数学上的独立自变量；可分为连续型和离散型两种。设计变量的数量决定目标函数的维度，形态决定目标函数的线性与否。因此，对于一个优化设计问题来说，应该恰当地确定设计变量的灵敏度。约束条件，又叫设计约束，是寻求极值的控制条件，它一般反映规范、设计、施工、构造等方面的要求。根据约束性质的不同，可将设计约束分为区域约束和性能约束两类。区域约束是直接限定设计变量取值范围的约束条件，而性能约束是由某些必须满足的设计性能要求推导出来的约束条件。

实际中，经常会遇见多个目标达到最佳的优化问题[167]（Multi-objective Optimization Problems），这时目标之间是相互制约或冲突的，数学表达式如下。

设计变量

$$X = [x_1, x_2, \cdots, x_n]^{\mathrm{T}} \tag{6.1}$$

目标函数

$$F(X) = [f_1(x), f_2(x), \cdots, f_m(x) \rightarrow \min] \tag{6.2}$$

约束条件

$$a_i \leqslant x_i \leqslant b_i \quad (i = 0, 1, \cdots, n) \tag{6.3}$$

$$h_j(x) = 0 \quad (j = 0, 1, \cdots, p) \tag{6.4}$$

$$g_k(x) \leqslant 0 \quad (k = 0, 1, \cdots, l) \tag{6.5}$$

式中，a_i、b_i 分别为第 i 个设计变量；n 为设计变量数；p 为非上、下限等式约束的数量；l 为非上、下限不等式约束的数量。

多目标函数优化的难点在于如何协调多个目标的矛盾。早期，Marker 等[168] 提出了多目标协调方法，Koopm[169] 引入了最优解的概念试图从数学的观点解决问题，而 Kuhn 等[170] 给出了向量极值有效解的条件；到了 20 世纪 50 年代，研究学者试图采用加权和法、ε-约束法、目标规划法等来解决多目标优化。Zadeh[171]、Geoffrion 等[172] 提出的基于权重的方法将多目标优化问题转化为单目标优化问题，即采用不同的权重系数将多目标函数聚合成新的目标函数，目前已得到了广泛的应用，其表达式如下所示。

最小化　　　　　　　　　　$\sum\limits_{i=1}^{k} \omega_i f_i(x)$　　　　　　　　　(6.6)

约束条件　　　　　　　　　　$x \in X$

式中，权重系数 $\omega_i \geq 0$，分别根据各目标重要性确定，$\sum \omega_i = 1$。

本书研究的地震作用下土石坝高聚物防渗墙优化设计，是在保证防渗的前提下，使得所设计的高聚物防渗墙在地震作用下抗震性能尽量好，而工程造价尽量低，使得工程效益最大化。这是一个多目标函数的优化问题。

6.3　高聚物防渗墙抗震性能安全系数分析

从第 5 章的分析可知，高聚物防渗墙在地震作用下的破坏与否主要由墙体所受的拉（压）应力决定，当墙体所受的拉（压）应力大于墙体材料的抗拉（压）强度时，墙体将发生破坏；当墙体所受的拉（压）应力小于墙体材料的抗拉（压）强度时，墙体将保持完好。在经典的设计方法中，往往要求设计结构的最小承载力要大于其可能发生的最大荷载[173]。对高聚物防渗墙的抗震设计来说，要使材料的抗拉（压）强度大于抗震设防中地震发生时墙体所受到的最大拉（压）应力。为了进行地震作用下高聚物防渗墙多目标函数优化设计，本书引入安全系数的概念。对于高聚物防渗墙抗震性能安全系数，以高聚物防渗墙的抗拉（压）强度与其在地震作用下所

受的最大拉（压）应力的比值来表示，即高聚物防渗墙拉应力抗震性能安全系数为

$$K_t = \frac{\sigma_t}{\sigma_{tm}} \tag{6.7}$$

式中，K_t 为高聚物防渗墙拉应力抗震性能安全系数；σ_t 为高聚物防渗墙抗拉强度，MPa；σ_{tm} 为高聚物防渗墙墙体最大拉应力，MPa。

高聚物防渗墙压应力抗震性能安全系数为

$$K_c = \sigma_c / \sigma_{cm} \tag{6.8}$$

式中，K_c 为高聚物防渗墙压应力抗震性能安全系数；σ_c 为高聚物防渗墙抗压强度，MPa；σ_{cm} 为高聚物防渗墙墙体最大压应力，MPa。

不同密度下高聚物防渗墙拉、压应力抗震性能安全系数为

$$K_t(\rho) = \frac{\sigma_t(\rho)}{\sigma_{tm}(\rho)}$$
$$K_c(\rho) = \frac{\sigma_c(\rho)}{\sigma_{cm}(\rho)} \tag{6.9}$$

式中，$K_t(\rho)$ 为某密度下高聚物防渗墙拉应力抗震性能安全系数；$K_c(\rho)$ 为某密度下高聚物防渗墙压应力抗震性能安全系数；$\sigma_t(\rho)$ 为某密度下高聚物防渗墙抗拉强度，MPa；$\sigma_c(\rho)$ 为某密度下高聚物防渗墙抗压强度，MPa；$\sigma_{tm}(\rho)$ 为某密度下高聚物防渗墙墙体所受最大拉应力，MPa；$\sigma_{cm}(\rho)$ 为某密度下高聚物防渗墙墙体所受最大压应力，MPa。

理论上讲，当 $K_t \leqslant 1.0$ 或 $K_c \leqslant 1.0$ 时，表明高聚物防渗墙在地震作用下处于不安全状态；当 $K_t > 1.0$ 及 $K_c > 1.0$ 时，表明高聚物防渗墙在地震作用下有一定的安全系数。但是由于地震工程的复杂性及对 K_t、K_c 定义的简化，出于安全考虑，笔者认为对于高聚物防渗墙抗震性能安全系数来说，当 K_t 和 K_c 同时大于 3 时，在地震作用下高聚物防渗墙是安全的。

6.4 地震作用下高聚物防渗墙优化设计方法

6.4.1 优化方法

由于地震作用下高聚物防渗墙优化设计的变量主要为高聚物墙体的密度，为了更加简便、直观地表达这一优化设计问题，本书采用基于图解法的多目标优化方法，具体如下。

（1）设计变量

设计变量为地震作用下高聚物防渗墙墙体设计密度 $\rho(x)$。

（2）目标函数

① 高聚物防渗墙抗震性能安全系数 K_t 和 K_c。

② 高聚物防渗墙工程费用 M_c（节省工程费用 M_s，相对于现场施工可实施最大密度条件下所节省的工程费用）。

目标函数①是从防渗墙的地震安全性来考虑的，在设计地震作用下高聚物防渗墙不得突破其极限承载力，安全系数越高其抗震性能越好；目标函数②是从经济角度考虑的，即以工程造价最低、最省钱为目标。根据实际情况，本书中高聚物防渗墙工程造价采用注浆重量来表征，认为注浆总重量越少，造价越低，即密度越低，造价越低。

（3）约束条件

① 防渗要求。

② 技术要求。

约束条件①是要基于具体工程情况，根据《高聚物防渗墙技术规范》（DB 41/T 712—2011）[174] 中 5.5 条要求，满足最大作用水头与高聚物防渗墙密度的对应关系，见表 6.1；约束条件②是根据现有的技术水平，在高聚物注浆施工现场，可以实现的注浆密度，目前，现场注浆可以实现的高聚物密度为 $0.05 \sim 0.3 g/cm^3$。

表 6.1　最大作用水头与高聚物防渗墙厚度及密度的对应关系

最大作用水头 H/m	防渗墙墙体厚度 D/mm	防渗墙墙体密度 $\rho/(g/cm^3)$
$H \leqslant 5$	10	$0.06 \sim 0.08$
$5 < H \leqslant 10$	12	$0.08 \sim 0.10$
$10 < H \leqslant 15$	15	$0.10 \sim 0.12$
$15 < H \leqslant 20$	18	$0.12 \sim 0.14$
$20 < H \leqslant 30$	20	$0.14 \sim 0.16$

6.4.2　分析步骤

从第 2 章的分析可知，高聚物注浆材料的材料特性，如抗拉强度、抗压强度、防渗能力等和其密度有着密切的关系，随着密度的增加，材料的抗拉强度和抗压强度会逐渐增加。同时，高聚物防渗墙的造价与注浆材料密度相关，密度越大，造价越高，因此本章利用基于图解法的多目标优化方法分析地震作用下高聚物防渗墙所用材料密度的优化设计，探讨如何确定最优密度。

根据结构优化设计理论及图解法在水利工程中的应用实践，在地震作用下高聚物防渗墙所用注浆材料的密度优化设计步骤如下。

① 建立三维动力有限元计算模型，确定敏感性参数。

由前文研究可知，高聚物注浆材料的密度直接关乎高聚物防渗墙的防渗性能、抗震性能安全系数、工程造价等，所以本章确定高聚物防渗墙墙体材料的密度为敏感性参数。敏感性分析和研究中需要考虑的因素为：

a. 高聚物防渗墙的防渗性能；

b. 高聚物防渗墙抗震性能安全系数；

c. 构建高聚物防渗墙所需的工程造价；

d. 高聚物防渗墙注浆材料现场可实施的密度。

② 建立图解模型。

本章优化设计的最终目的是给出地震作用下安全、经济的密度优化方案，目标函数为：

a. 防渗墙的抗震性能安全系数，即防渗墙在设计地震作用下没有达到极限承载力且有一定的安全储备；

b. 防渗墙工程的施工费用（节省工程费用），即防渗墙投资小。

③ 利用归一法来确定高聚物防渗墙的初步优化密度。

本章采用基于图解法的多目标优化方法中的归一化交点法进行设计参数的优化。归一化交点法是利用有限元模拟结果得出高聚物防渗墙抗震安全性，将归一化的防渗墙抗震性能安全系数（拉、压应力）随密度的变化、归一化的节省工程费用随密度的变化绘制在一张图内，两者的交点即为初步优化密度 ρ_{t0} 和 ρ_{c0}。

④ 求取满足约束条件的临界约束密度 ρ_0。

⑤ 比较初步优化密度和约束密度，求取其最大值，即为最终所求优化密度，见式（6.9），完成地震作用下高聚物防渗墙密度的优化设计。

$$\rho_{op} = \max\{\rho_{t0}, \rho_{c0}, \rho_0\} \tag{6.10}$$

式中，ρ_{op} 为高聚物防渗墙最终优化设计密度；ρ_{t0} 为高聚物防渗墙拉应力初步优化密度；ρ_{c0} 为高聚物防渗墙压应力初步优化密度；ρ_0 为满足约束条件的临界约束密度。

6.5　工程实例

6.5.1　工程概况

府庙水库位于河南省潢川县，处在淮河支流潢河上，总库容量

135.2万立方米，是一座以防洪和灌溉为主，结合水产养殖等综合利用的小（1）型水库。水库建于1964年12月，为土石坝，坝顶长920m，坝顶高程为45.45～47.00m，平均坝高6.4m，坝顶宽5.0～9.5m。坝体主要为低液限黏土，密度为1.46～1.65g/cm^3，渗透系数$K=5.33\times10^{-5}\sim4.86\times10^{-4}$cm/s，呈弱至中等透水性。大坝坝基由低液限黏土组成，渗透系数为$10^{-6}\sim10^{-7}$cm/s，属于微透水层。水库兴建时，鉴于当时的条件所限，施工水平一般，再加之年久失修，大坝坝体渗漏，大坝与坝基接触渗漏。

为了确保水库的安全运行、发挥水库工程效益，需对该水库大坝进行防渗加固。采用高聚物注浆技术构筑防渗墙，坝顶高程47m，坝基高程40.6m，高聚物防渗墙深入地基1m，防渗墙高度7.4m，府庙水库高聚物防渗墙设计见图6.1。

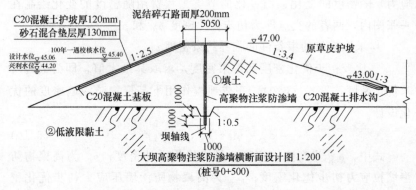

图6.1 府庙水库高聚物防渗墙设计

6.5.2 三维动力有限元模型

6.5.2.1 基本假定

在计算中做了如下假定：

① 开挖前及注浆前的坝体原位应力的改变不考虑，坝体内部初

应力为静水压力与土压力；

②　假定地震 SV 波从坝体底部垂直向上入射，入射输入面为 −15m 的界面；

③　有限元模拟中防渗墙体和坝体的接触面采用 Goodman 无厚度单元。

6.5.2.2　边界条件设定及地震波的输入

土层模型上边界为自由边界，四周及底部均采用近似无反射的黏弹性人工边界，地震波的输入方法采用基于黏弹性人工边界理论的等效力输入方法。计算中输入地震波记录为 1940 年美国 EL-Centro 波的记录，按 SV 波入射，持续时间为 20s，场地类别为 Ⅱ 类，地震烈度为 9 度，对应的地震峰值为 0.4g。

6.5.2.3　数值模型的建立

数值模型中坝基尺寸为 143m×50m×15m（长度×宽度×高度）；坝体顶部宽 5.05m，底宽 42.81m，高 6.4m，沿 z 向延伸 50m；高聚物防渗墙尺寸为高 7.4m，根据表 6.1 取厚度为 0.012m，沿 z 向延伸 50m；网格划分采用三维六面体细化网格的缩减积分单元（C3D8R）；土石坝静力部分采用邓肯张 E-B 非线性弹性模型，动力分析采用等效线性黏弹性模型，材料参数见表 6.2 和表 6.3；高聚物防渗墙材料密度和动弹性模量按照第 2 章中式（2.3）和式（2.4）计算，泊松比 ν 取 0.2。高聚物防渗墙土石坝有限元模型共划分了 9794 个节点、8256 个单元，如图 6.2 所示。

表 6.2　土石坝坝体材料静力计算参数

材料	重度（干）/(kN/m³)	重度（湿）/(kN/m³)	K	K_{ur}	n	R_f	K_h	m	c	φ	$\Delta\varphi$
坝体土	16.4	19.3	305	365	0.34	0.95	202	0.3	25.1	11.6	0
坝基土	16.5	19.5	320	390	0.30	0.95	215	0.3	22.5	13.8	0

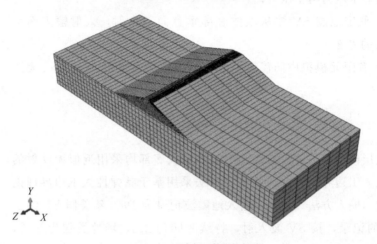

(a) 大坝三维网格剖分

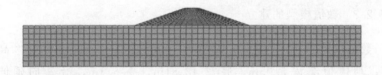

(b) 0+500横剖面单元剖分

(c) 防渗墙单元剖分

图 6.2　高聚物防渗墙大坝单元剖分

表 6.3　土石坝坝体材料动力计算参数

材料	K	m	ν
坝体土	474	0.5	0.35
坝基土	500	0.5	0.30

6.5.3　有限元计算结果与分析

敏感性参数为高聚物防渗墙墙体材料密度，并且工程上常用的高聚物防渗墙密度为 $0.01\sim0.30\mathrm{g/cm^3}$，高聚物防渗墙墙体密度从 $0.01\sim0.30\mathrm{g/cm^3}$ 变化，每 $0.01\mathrm{g/cm^3}$ 为一个增值，共有 30 个研究工况。根据第 5 章的研究结果，地震作用下高聚物防渗墙墙体最大拉、压应力均位于墙底附近。提取不同密度高聚物防渗墙墙底处的拉、压应力，即为最大拉、压应力。计算每工况下高聚物防渗墙的拉、压应力的抗震性能安全系数 K_t 和 K_c。

经过整理，有限元计算结果见表 6.4。

表 6.4　不同密度高聚物防渗墙拉、压应力抗震性能安全系数

高聚物防渗墙密度 /(g/cm³)	最大拉应力/kPa	最大压应力/kPa	抗拉强度/kPa	抗压强度/kPa	抗震性能安全系数（拉应力）	抗震性能安全系数（压应力）
0.01	146.493	182.778	11.472	1096.871	0.078	6.001
0.02	147.285	184.993	38.388	1073.300	0.261	5.802
0.03	147.957	187.225	77.814	1063.186	0.526	5.679
0.04	148.481	189.467	128.462	1066.530	0.865	5.629
0.05	148.831	191.705	189.518	1083.333	1.273	5.651
0.06	148.976	193.932	260.394	1113.592	1.748	5.742
0.07	148.892	196.143	340.637	1157.310	2.288	5.900
0.08	148.562	198.334	429.882	1214.486	2.894	6.123

高聚物防渗墙密度/(g/cm³)	最大拉应力/kPa	最大压应力/kPa	抗拉强度/kPa	抗压强度/kPa	抗震性能安全系数（拉应力）	抗震性能安全系数（压应力）
0.09	147.974	200.513	527.822	1285.119	3.567	6.409
0.1	147.128	202.697	634.197	1369.210	4.311	6.755
0.11	146.021	204.903	748.782	1466.759	5.128	7.158
0.12	144.666	207.154	871.376	1577.766	6.023	7.616
0.13	143.063	209.476	1001.802	1702.230	7.003	8.126
0.14	141.216	211.895	1139.901	1840.152	8.072	8.684
0.15	139.131	214.437	1285.526	1991.533	9.240	9.287
0.16	136.809	217.127	1438.546	2156.370	10.515	9.931
0.17	134.247	219.994	1598.838	2334.666	11.910	10.612
0.18	131.441	223.067	1766.291	2526.420	13.438	11.326
0.19	128.392	226.373	1940.798	2731.631	15.116	12.067
0.2	125.093	229.945	2122.263	2950.300	16.965	12.830
0.21	121.543	233.818	2310.594	3182.427	19.011	13.611
0.22	117.739	238.029	2505.706	3428.012	21.282	14.402
0.23	113.682	242.618	2707.517	3687.054	23.817	15.197
0.24	109.370	247.630	2915.952	3959.554	26.661	15.990
0.25	104.808	253.116	3130.939	4245.513	29.873	16.773
0.26	96.102	256.130	3352.408	4544.928	34.884	17.745
0.27	94.959	265.732	3580.295	4857.802	37.704	18.281
0.28	89.693	272.987	3814.537	5184.134	42.529	18.990
0.29	84.221	280.966	4055.076	5523.923	48.148	19.660
0.3	78.561	289.750	4301.855	5877.170	54.758	20.284

根据表6.4，绘制高聚物防渗墙安全系数（拉应力）与密度的关系曲线，见图6.3；高聚物防渗墙安全系数（压应力）与密度的关系曲线，见图6.4。从图6.3和图6.4可以看出：随着高聚物防渗墙密度的增加，高聚物防渗墙拉应力安全系数随之增加，而压应力的安全系数呈现先减小后增大的趋势。

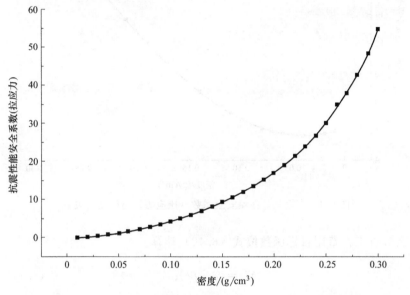

图6.3 高聚物防渗墙安全系数（拉应力）与密度的关系

6.5.4 地震作用下高聚物防渗墙优化设计

利用归一化交点法进行地震作用下高聚物防渗墙优化设计的目的是高聚物防渗墙抗震性能尽量好，而工程造价尽量低。因此，归一化交点法的目标函数为高聚物防渗墙的工程费用（节省工程费用）和抗震性能的组合。抗震性能目标函数选取拉、压应力的抗震性能安全系数，按式（6.8）计算，施工费用目标函数按式（6.11）计算。根据施工经验情况，现场施工可实施最大密度为 $0.3g/cm^3$，那

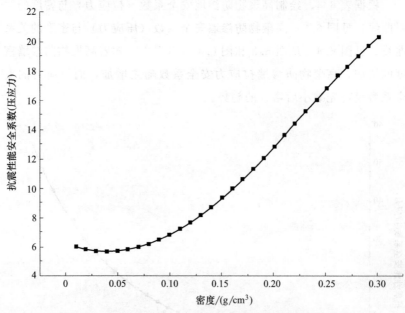

图 6.4   高聚物防渗墙安全系数（压应力）与密度的关系

么节省工程费用目标函数按式（6.12）计算。

$$M_c = (\alpha + \beta\rho)abd \tag{6.11}$$

$$M_s = \beta(300 - \rho)abd \tag{6.12}$$

式中，M_c 为高聚物防渗墙施工费用，元；M_s 为高聚物防渗墙节省工程费用，元；α 为每立方米高聚物防渗墙施工所需的机械台班及人工费用，元/m³；β 为每千克高聚物防渗墙注浆材料费，元/kg；ρ 为高聚物防渗墙密度，kg/m³；a 为高聚物防渗墙施工宽度，m；b 为高聚物防渗墙施工深度，m；d 为高聚物防渗墙施工厚度，m。

根据工程经验及参考有关文献，本章的 α 值取 2000 元/m³；β 值取 160 元/kg；a 取 920m，b 取 7.4m，d 取 0.012m。

（1）初步优化密度

高聚物防渗墙注浆材料密度区间为 $0.01 \sim 0.3\mathrm{g/cm^3}$，共 30 个工况。高聚物防渗墙节省工程费用与注浆材料密度变化见图 6.5。由图 6.5 可知，高聚物防渗墙节省工程费用随着注浆材料密度的增大呈线性减小的趋势。

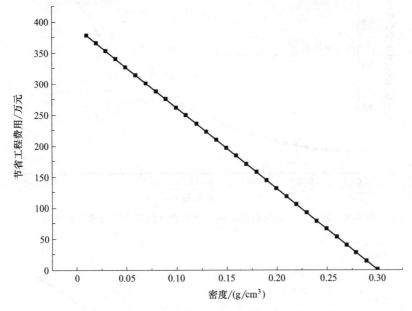

图 6.5　高聚物防渗墙节省工程费用与注浆材料密度关系

对目标函数进行归一化处理：归一后的拉、压应力抗震性能安全系数是某密度下的拉、压应力抗震性能安全系数与 30 个工况的最大值之比，见图 6.6 和图 6.7；归一的节省工程费用是某密度对应的节省工程费用与 30 个工况得到的最大节省工程费用之比，见图 6.8。

将归一后的高聚物防渗墙抗震性能安全系数（拉应力）和归一后的高聚物防渗墙节省工程费用绘于图 6.9，两者交于一点，密度为 $0.205\mathrm{g/cm^3}$，即为高聚物防渗墙拉应力初步优化密度 ρ_{t0}。

将归一后的高聚物防渗墙抗震性能安全系数（压应力）和归一后的高聚物防渗墙节省工程费用绘于图 6.10，两者交于一点，密度为 $0.184\mathrm{g/cm^3}$，即为高聚物防渗墙压应力初步优化密度 ρ_{c0}。

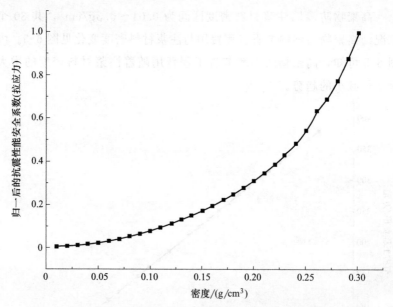

图 6.6   归一后的高聚物防渗墙安全系数（拉应力）与密度的关系

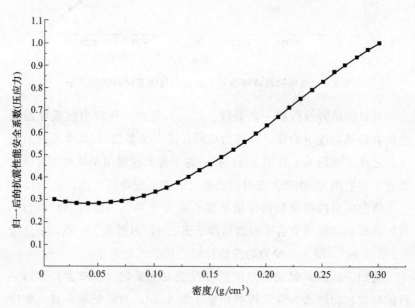

图 6.7   归一后的高聚物防渗墙安全系数（压应力）与密度的关系

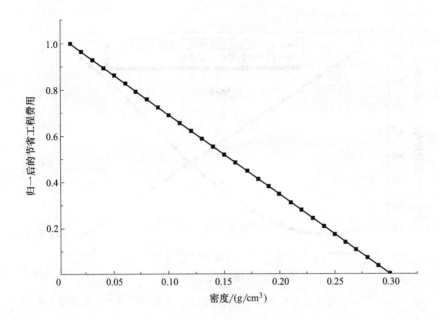

图 6.8　归一后的高聚物防渗墙节省工程费用与密度关系

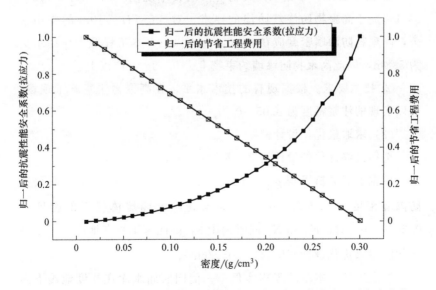

图 6.9　归一后的节省工程费用和抗震性能安全系数（拉应力）随密度变化

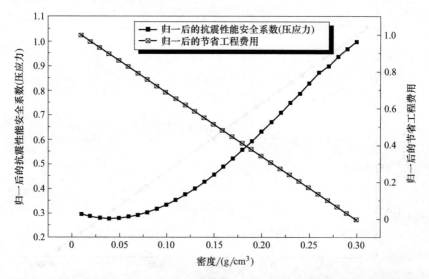

图 6.10 归一后的节省施工费用和抗震性能安全系数（压应力）随密度变化图

（2）约束密度

① 防渗要求。根据《高聚物防渗墙技术规范》（DB41/T 712—2011）关于高聚物防渗墙防渗的要求，对 $5m < H \leqslant 10m$ 的作用水头，高聚物防渗墙密度应在 $0.08 g/cm^3$ 以上，本工程最大作用水头为 $5.8m$，因此高聚物防渗墙约束密度为 $0.08 g/cm^3$ 以上。

② 技术要求。根据现有的技术水平，在高聚物注浆施工现场，可以实现的注浆密度为 $0.05 \sim 0.3 g/cm^3$。

（3）求取最优化设计密度

选择最终优化的设计密度：$\rho_{op} = \max\{\rho_{t0}, \rho_{c0}, \rho_0\}$。

根据上述分析可得 $\rho_{op} = \max\{0.205, 0.184, 0.08\}$，故高聚物防渗墙密度为 $0.205 g/cm^3$。当高聚物防渗墙墙体材料的密度为 $0.205 g/cm^3$ 时，K_t 和 K_c 同时大于 3，因此该工程在地震作用下高聚物防渗墙优化设计密度为 $0.205 g/cm^3$。

综上所述，本章的工程实例——信阳府庙水库在 9 度地震下高聚物防渗墙优化设计密度为 $0.205 g/cm^3$，可达到抗震性能好、工程造价低的目标，这比现行的《高聚物防渗墙技术规范》（DB41/T 712—2011）对高聚物防渗墙设计密度（0.08g/cm^3 以上）的要求要高。因此，在地震 9 度设防的地区建造高聚物防渗墙土石坝时，建议进行基于高聚物防渗墙抗震性能的密度优化分析，使得在保证防渗的前提下，所设计的高聚物防渗墙在地震作用下抗震性能尽量好、工程造价尽量低，工程效益最大化。

6.6　本章小结

本章进行了地震作用下高聚物防渗墙多目标函数的密度优化设计。提出了高聚物防渗墙抗震性能安全系数的概念，将基于图解法的多目标优化方法应用于高聚物防渗墙优化设计，以地震作用下高聚物防渗墙抗震性能好、工程造价低为研究目的，形成了高聚物防渗墙抗震安全性和经济性为组合的优化模型，并以防渗要求和技术可行性为约束条件，进行了高聚物防渗墙墙体材料密度的优化设计。

基于上述思想，选取府庙水库为工程背景进行了高聚物防渗墙墙体材料密度的优化设计，优化方法采用归一化交点法。归一化交点法提出了目标函数归一化的思想，得出的高聚物防渗墙优化密度为 0.205g/cm^3。基于图解法的高聚物防渗墙多目标函数优化设计为地震作用下高聚物防渗墙密度优化提供了一种简洁、直观的优化计算方法，可以广泛应用地震作用下各种类型土石坝高聚物防渗墙的优化设计。另外，在地震 9 度设防的地区建造高聚物防渗墙土石坝时，建议进行基于高聚物防渗墙抗震性能的密度优化分析，作为《高聚物防渗墙技术规范》（DB41/T 712—2011）的有益补充，使得在保证防渗的前提下，所设计的高聚物防渗墙在地震作用下抗震性能尽量好、工程造价尽量低，工程效益最大化。

第7章 结论与展望

7.1 结论

高聚物防渗墙是一种新型的防渗加固技术，适用于土石坝的抢险加固和防灾减灾。我国有相当数量的土石坝位于地震区，而针对高聚物防渗墙土石坝的抗震性能研究还处于空白，因此开展高聚物防渗墙土石坝的抗震性能研究对土石坝抗震稳定性和安全性具有重要的意义。鉴于此，本书结合国家自然基金面上项目"静动荷载下堤坝高聚物防渗墙受力特性与破坏机理研究"和清华大学水沙科学与水利水电工程国家重点实验室开放基金"堤坝高聚物防渗墙离心机振动台试验及墙体破坏机理研究"等项目，以河南信阳九龙水库坝为原型，开展了高聚物防渗墙土石坝和混凝土防渗墙土石坝的动力离心试验，并借助数值模拟手段进行拓展分析，对高聚物防渗墙地震响应特性和其土石坝的抗震性能进行了深入、系统的研究，完善了理论机制，提出了基于抗震性能的优化设计方法，取得了以下主要结论和成果。

① 首次将压电陶瓷弯曲元测试技术引入高聚物注浆材料动力特性的测试中，成功测得高聚物注浆材料动剪切模量，为高聚物注浆

材料动模量测试提供了一种便捷的室内试验方法。

a. 解决了影响精确测试高聚物注浆材料剪切波速的关键问题：测试频率尽可能采用中、高频脉冲电压，以减少剪切波速的弥散性；选用单周期正弦波，以减少剪切波时的近场效应和过冲现象；采用"时域初达波法"判定剪切波传播时间，以获得一致性的试验结果。

b. 研究了高聚物注浆材料密度和动剪切模量的关系，给出了其函数关系表达式，可用于工程上快速判断高聚物防渗墙动剪切模量。

c. 研究了高聚物注浆材料动、静弹性模量的关系，给出了其函数关系表达式。

d. 研究了高聚物防渗墙材料和筑坝黏土动模量的相关性，结果显示：两者动模量十分相近。可以预期：在地震作用下，与传统刚性防渗墙——混凝土防渗墙相比，由高聚物注浆材料所构建的高聚物防渗墙和坝体更能实现协调变形。

② 创新性地进行了基于原型材料防渗墙的土石坝动力离心试验，研究了高聚物防渗墙土石坝和混凝土防渗墙土石坝在超重力和地震作用下的地震响应特征异同点，总结了高聚物防渗墙土石坝地震响应规律。

a. 在地震作用下，高聚物防渗墙墙体应力随输入地震动强度增加而增加，随墙高的增加呈现先减小后增大的趋势，最大值位于墙底附近；混凝土防渗墙墙体应力远大于高聚物防渗墙墙体应力。

b. 高聚物防渗墙土石坝峰值加速度随输入地震动强度增加而增加，随坝高增加而增加，最大峰值加速度在坝顶。相较于高聚物防渗墙，混凝土防渗墙的存在一定程度上降低了坝体的加速度反应，但其降低程度随着地震动输入强度的增加有减缓之势。

c. 高聚物防渗墙土石坝坝顶最大实时沉降和坝顶永久沉降随输入地震动强度增加而增加，其最大实时沉降大于混凝土防渗墙土石坝，而坝顶永久沉降远小于混凝土防渗墙土石坝，这和混凝土防渗墙约束坝体变形相关。

d. 高聚物防渗墙土石坝最大动土压力增量随输入地震动强度增

加而增加；同一测点处（P6 除外），高聚物防渗墙土石坝无论是水平土压力增量还是竖向土压力增量均小于混凝土防渗墙土石坝。

e. 经历了 1～4 工况的地震作用后，两组土石坝和高聚物防渗墙未发生变形和破坏，混凝土防渗墙下部碎裂，墙体发生了严重的破坏。

③ 利用 ABAQUS 有限元软件，建立了基于黏弹性人工边界地震波输入方法和考虑土体黏弹性的高聚物防渗墙土石坝三维数值模型，对高聚物防渗墙土石坝的动力响应进行了拓展研究分析，明确了高聚物防渗墙土石坝的抗震性能及相关机理。

a. 对比分析了地震作用下高聚物防渗墙和混凝土防渗墙墙体加速度、拉（压）应力及位移等地震响应异同点，分别从弹性体特征、刚度、几何尺寸等方面探讨了相关机理，得出：传统的刚性防渗墙是土石坝抗震的不利部位，易在高烈度地震下因抗震、抗裂性不足而发生破坏；相同强度地震作用下，高延性、低弹模的高聚物防渗墙其抗地震加速度反应能力、抗动应力响应能力及整体变形协调能力优于传统混凝土防渗墙。

b. 对比分析了地震作用下高聚物防渗墙土石坝和混凝土防渗墙土石坝的加速度、坝体土压力、坝顶永久沉降等地震响应特性，分别从几何尺寸、质量、刚度、能量守恒、"反拱效应"等方面探讨了相关机理，得出：在同等强度地震作用下，相同规模的高聚物防渗墙土石坝坝顶永久沉降较小、坝体动土压力增量较小，而坝体加速度反应有所增加，但坝体整体抗震性能良好。

④ 提出了高聚物防渗墙抗震性能安全系数的概念，将基于图解法的多目标优化方法应用于高聚物防渗墙优化设计，对高聚物防渗墙墙体材料密度进行了优化设计。

a. 基于图解法的高聚物防渗墙多目标函数优化设计为地震作用下高聚物防渗墙密度优化提供了一种简洁、直观的优化计算方法，可以广泛应用地震作用下各种类型土石坝高聚物防渗墙的优化设计。

b. 在地震 9 度设防的地区建造高聚物防渗墙土石坝时，建议进行基于高聚物防渗墙抗震性能的密度优化分析，可作为《高聚物防渗墙技术规范》（DB41/T 712—2011）的有益补充。

7.2 创新点

① 首次将压电陶瓷弯曲元测试技术引入高聚物注浆材料小应变动剪切模量 G_{max} 测试中，解决了影响精确测试高聚物注浆材料剪切波速的关键问题，研究了高聚物注浆材料动力特性，为其动力反应分析和工程应用提供理论依据与参考。

② 基于原型材料防渗墙的土石坝动力离心试验，研究了高聚物防渗墙土石坝和混凝土防渗墙土石坝在超重力和地震作用下的地震响应特征，分析了两组试验墙体、坝体地震反应异同点，总结了高聚物防渗墙土石坝地震响应规律。

③ 建立了基于黏弹性人工边界地震波输入方法和考虑土体黏弹性的高聚物防渗墙土石坝三维数值模型，研究了高聚物防渗墙及其土石坝的地震响应特性，联合试验结果分析了高聚物防渗墙土石坝抗震性能及相关机理。

④ 将基于图解法的多目标优化方法应用于高聚物防渗墙优化设计，为地震作用下高聚物防渗墙密度优化提供了一种简洁、直观的优化计算方法。

7.3 展望

本书结合动力离心试验结果及数值计算结果对高聚物防渗墙地震响应特性及其土石坝的抗震性能进行了一些初步的探讨，鉴于作者水平有限，还存在不足之处，许多问题尚未解决，有待于日后工作中进一步完善。主要有：

① 采用压电陶瓷弯曲元测试技术研究高聚物注浆材料的动力学特性是在论证及试验的基础上进行的有效尝试，今后可采用传统动三轴等试验手段开展高聚物注浆材料的动力特性研究，进一步完善高聚物注浆材料动力特性参数指标；

② 在动力离心试验中，研究了高聚物防渗墙土石坝位于粉质黏土坝基上的地震响应情况，然而高聚物防渗墙土石坝位于可液化坝基的情况与之不同，并且高聚物防渗墙密度变化对其地震响应的影响也没有进行深入研究，需要进一步进行完善；

③ 在对地震作用下高聚物防渗墙多目标函数优化设计中，仅考虑了高聚物防渗墙密度这个单一变量，今后的研究中还应考虑防渗墙厚度等变量的优化，使其在满足抗震性能的前提下，工程造价更低。

参 考 文 献

［1］ 许传桂. 我国病险水库的现状［J］. 大坝与安全，2000（3）：
52-53.

［2］ 王洪恩，卢超. 堤坝劈裂灌浆防渗加固技术［M］. 北京：中
国水利水电出版社，2006.

［3］ 牛运光. 土石坝隐患的探测［J］. 中国水利，1987（7）：
11-12.

［4］ 周魁一，苏克忠，贾振文，等. 十四世纪以来我国地震次生水
灾的研究［J］. 自然灾害学报，1992（3）：83-91.

［5］ 郭诚谦，陈慧远. 土石坝［M］. 北京：水利电力出版
社，1992.

［6］ 顾淦臣. 土石坝地震工程学［M］. 南京：河海大学出版
社，1989.

［7］ 石明生. 高聚物注浆材料特性与堤坝定向劈裂注浆机理研究
［D］. 大连：大连理工大学，2010.

［8］ Chengchao Guo，Fumin Wang. Mechanism study on the con-
struction of ultra-thin anti-seepage wall by polymer injection
［J］. Journal of Materials in Civil Engineering，2012，24（9）：
1183-1192.

［9］ Fuming Wang，Chengchao Guo，Yang Gao. Formation of
polymer thin wall using the level set method［J］. Internation-
al Journal of Geomechanics，2014，14（5）：4001-4021.

［10］ Gent A N，Thomas A G. The deformation of foamed elastic
materials［J］. Journal of Applied Polymer Science，1959
（1）：107-113.

［11］ Burchett O L. Brittle-fracture dependence of a rigid polyure-
thane foam on strain rate and temperature［J］. Applied Pol-

ymer Symposia，1967（5）：139-159.

[12] Green S J. High-velocity deformation properties of polyure-thane foams［J］. Experiment Mechanics，1969（9）：103-109.

[13] Rusch K C. Energy-absorbing characteristics of foamed poly-mers［J］. Journal of Applied Polymer Science，1970（14）：1433-1447.

[14] Cousins R R. A theory for the impact behavior of rate-de-pendent padding materials［J］. Journal of Applied Polymer Science，1976（20）：2893-2903.

[15] 吴用舒，曹锡江，严忠汉，等. 硬聚氨酯泡塑动态压缩特性的一次试验研究［J］. 振动与冲击，1986（1）：65-69.

[16] 卢子兴，田常津，韩铭宝，等. 聚氨酯泡沫塑料冲击力学性能的实验研究［J］. 高分子材料科学与工程，1995，11（6）：76-81.

[17] 卢子兴，谢若泽，田常津，等. 聚氨酯泡沫塑料剪切力学性能的研究［J］. 北京航空航天大学学报，1999，25（5）：561-564.

[18] 平幼妹，余本农. 加载速度对两种缓冲包装材料静态压缩特性的影响［J］. 力学与实践，1996，18（2）：46-48.

[19] 胡时胜，刘剑飞，冯建平. 硬质聚氨酯泡沫塑料动态力学性能的研究［J］. 爆炸与冲击，1996，16（10）：373-376.

[20] 谢若泽，卢子兴，田常津，等. 聚氨酯泡沫塑料动态剪切力学行为的研究［J］. 爆炸与冲击，1999，19（4）：315-321.

[21] 唐一科，龚宪生，顾乾坤. 聚氨酯泡沫塑料振动性能的试验研究［J］. 西南交通大学学报，2003，38（5）：497-500.

[22] 范俊奇，董宏晓，高永红，等. 高应变率下聚氨酯泡沫材料动态力学性能研究［J］. 建筑材料学报，2012，15（3）：356-360.

[23] 刘恒. 非水反应高聚物注浆材料锚固特性研究 [D]. 郑州：郑州大学，2017.

[24] 胡郑壕. 季冻区高聚物注浆材料力学性能试验研究 [D]. 郑州：郑州大学，2019.

[25] 陈硕. 高聚物注浆材料动态黏弹特性及其本构关系研究 [D]. 郑州：郑州大学，2020.

[26] 孙静. 岩土动剪切模量阻尼试验及应用研究 [D]. 哈尔滨：中国地震局工程力学研究所，2004.

[27] Shirley D J，Hampton L D. Shear-wave measurements in laboratory sediments [J]. The Journal of the Acoustical Society of America，1978，63（2）：607-613.

[28] 黄博，殷建华，陈云敏，等. 压电陶瓷弯曲元法测试土样弹性剪切模量 [J]. 岩土工程学报，2001，14（2）：155-160.

[29] 姬美秀. 压电陶瓷弯曲元剪切波速测试及饱和海洋软土动力特性研究 [D]. 杭州：浙江大学，2003.

[30] 周燕国. 土结构性的剪切波速表征及对动力特性的影响 [D]. 杭州：浙江大学，2007.

[31] 吴宏伟，李青，刘国彬. 利用弯曲元测量上海原状软黏土各向异性剪切模量试验研究 [J]. 岩土工程学报，2013，35（1）：150-156.

[32] 柏立懂，项伟，Savidis Stavros A，等. 干砂最大剪切模量的共振柱与弯曲元试验 [J]. 岩土工程学报，2012，34（1）：184-188.

[33] 顾晓强，杨峻，黄茂松，等. 砂土剪切模量测定的弯曲元、共振柱和循环扭剪试验 [J]. 岩土工程学报，2016，38（4）：740-746.

[34] 陆素洁，童俊豪，潘坤，等. 静动荷载作用下海洋软黏土刚度弱化特性研究 [J]. 岩土工程学报，2020，42（S1）：116-120.

[35]　熊雄，袁印龙，周云东，等. 循环荷载对饱和黄土动剪切模量的影响研究 [J]. 防灾减灾工程学报学报，2012，32（5）：554-578.

[36]　李帅，黄茂松. 长期循环荷载作用下海洋饱和粉砂的弱化特性 [J]. 同济大学学报：自然科学版，2011，39（1）：25-29.

[37]　姬美秀，陈云敏. 不排水循环荷载作用过程中累积孔压对细砂弹性剪切模量 G_{max} 的影响 [J]. 岩土力学，2005，26（6）：884-888.

[38]　徐洁，周超. 干湿路径影响粉土小应变剪切模量的试验研究 [J]. 岩土力学，2015，36（1）：377-381.

[39]　李博，余闯，曾向武. K_0 条件下砂土原生各向异性的动剪切模量试验研究 [J]. 岩石力学与工程学报，2013，32（2）：4048-4055.

[40]　杨哲. 黏性土小应变动力特性的弯曲-伸展元与共振柱试验研究 [D]. 武汉：长江科学院，2020.

[41]　郑晓，郭玺. 动荷载作用下水泥土小应变剪切模量试验研究 [J]. 路基工程，2008（4）：84-85.

[42]　周健，李晓博，贾敏才，等. 利用弯曲元测试水泥土强度方法的研究 [J]. 岩土工程界，2007，10（12）：78-80.

[43]　Clough R W，Pirtz D. Earthquake resistance of rock-fill dams [J]. Soil Mechanics and Foundations Division，1956，82（2）：1-26.

[44]　丹羽義等. Earthquake and rockfill damの耐震性に關する研究 [C]. 土木学会论文集，1958.

[45]　Seed H B，Clogh R W. Earthquake resistance of slopping core dams [J]. Journal of Soil Mechanics and Foundations Division，1963，89（1）：209-242.

[46]　久乐胜行. 用大型振动台进行的模型堤坝的振动试验（第二部分）. 地震工程译文集 [M]. 北京：地震出版社，1978.

［47］ 堤一，渡道启行. 供填筑坝抗震设计用的动力试验. 国外工程抗震［M］. 重庆：科学技术文献出版社重庆分社，1978.

［48］ Nose M，Baba K. Dynamic behavior of rockfill dams：Dams and Earthquake［M］. London：Thomas Telford Limited，1981.

［49］ 王克成，郭天德，刘恭忍，等. 堆石坝散填体动力性态的实验研究［J］. 水利学报，1986（10）：26-34.

［50］ 王克成，杨德健. 堆石坝三维模型动力性态及抗震稳定性研究［J］. 水利学报，1987（10）：60-65.

［51］ Masukawa S，Yasunaka M，Kohgo Y. Dynamic failure and deformations of dam models on shaking table tests［C］. Thirteenth World Conference on Earthquake Engineering，2004.

［52］ Seda Sendir Torisu，Unichi Sato，IkuoTowhata. 1-G model tests and hollow cylindrical torsional shear experiments on seismic residual displacements of fill dams from the viewpoint of seismic performance-based design［J］. Soil Dynamics and Earthquake Engineering，2010，30（6）：423-437.

［53］ 贺义明. コンクリート表面遮水壁ロックフイルダムの地震時挙动. 日本第22回地震工学发表会论文集. 东京：日本土木工学会地震工学委员会，1993.

［54］ Han Guocheng，Kong Xianjing，Li Junjie. Dynamic experiments and numerical simulations of model concrete face rocfill dams［C］. Proceedings of Ninth World Conference on Earthquake Engineering，1988.

［55］ 孔宪京，韩国城，李俊杰，等. 防渗面板对堆石坝体自振特性的影响［J］. 大连理工大学学报，1989，29（5）：583-588.

［56］ 韩国城，孔宪京，王承伦，等. 天生桥面板堆石坝三维整体模型动力试验研究［C］. 第三届全国地震工程会议论文集

（Ⅲ），1990.

[57] 韩国城，孔宪京，李俊杰. 面板堆石坝动力破坏性态及抗震措施试验研究 [J]. 水利学报，1990（3）：61-67.

[58] 姜朴，汤书明. 土石坝模型动力试验与计算 [J]. 水利学报，1992（2）：53-57.

[59] 汤书明. 钢筋混凝土面板堆石坝动力模型试验与有限元动力分析 [D]. 南京：河海大学，1990.

[60] 刘小生，杨正权，刘启旺. 猴子岩高面板坝振动台模型试验——大坝结构动力特性研究 [J]. 世界地震工程，2010，26（4）：121-127.

[61] 杨正权，刘小生，刘启旺，等. 猴子岩高面板堆石坝地震模拟振动台模型试验研究 [J]. 地震工程与工程振动，2010，30（5）：113-119.

[62] 徐鹏，蒋关鲁，邱俊杰，等. 整体刚性面板加筋土挡墙振动台模型试验研究 [J]. 岩土力学，2019，40（03）：998-1004.

[63] 杨玉生，刘小生，刘启旺，等. 双江口心墙堆石坝地震加速度反应的振动台模型试验研究 [J]. 水力发电学报，2011，30（1）：120-125.

[64] 刘启旺，刘小生，陈宁，等. 双江口心墙堆石坝振动台模型试验研究 [J]. 水力发电学报，2009，28（5）：114-120.

[65] 刘启旺，刘小生，陈宁，等. 高心墙堆石坝地震残余变形和破坏模式的试验研究 [J]. 水力发电，2009，35（5）：60-62.

[66] 袁林娟，刘小生，汪小刚，等. 双江口心墙堆石坝三维动力分析及模型试验验证 [J]. 水力发电学报，2012，31（5）：198-202.

[67] 杨正权，刘小生，汪小刚，等. 高土石坝地震动力反应特性大型振动台模型试验研究 [J]. 水利学报，2014，45（11）：1361-1372.

[68] Peiris L M N, Madabhushi S P G, Schofield A N. Centrifuge

modeling of rock-fill embankments on deep loose saturated sand deposits subjected to earthquakes [J]. Journal of Geotechnical and Geoenvironmental Engineering, 2008, 134 (9): 1364-1374.

[69] Arulanandan K, Seed H B, Yogachandran C, et al. Study on volume changes and dynamic stability of earth dams [J]. Journal of Geotechnical Engineering Centrifuge, 1990, 119 (11): 1717-1731.

[70] Law H K, Ko H Y, Scavuzzo R. Simulation of O'Neill forebay fam, califomia, subjected to the 1989 Loma Prieta Earthquake [C]. Centrifuge 94, 1994.

[71] Astaneh S M F, Ko H Y, Sture S. Assessment of earthquake effects on soil embankments [C]. Centrifuge 94, 1994.

[72] Mourad Z, Ahmed W E, Zeng X W, et al. Mechanism of liquefaction response in sand-silt dynamic centrifuge tests [J]. Soil Dynamics and Earthquake Engineering, 1999, 18 (1): 71-85.

[73] Charles W W N, Li X S, Paul A V L, et al. Centrifuge modeling of loose fill embankment subjected to uni-axial and bi-axial earthquakes [J]. Soil Dynamics and Earthquake Engineering, 2004, 24 (4): 305-318.

[74] Hideaki Kawasaki, Kenji Inagaki, Daisuke Hirayama. 混凝土面板堆石坝的动力反应特性 [C]. 2004 水力发电国际研讨会论文集 (上册), 2004.

[75] Sharpa M K, Adalier K. Seismic response of earth dam with varying depth of liquefiablefoundation layer [J]. Soil Dynamics and Earthquake Engineering, 2006, 26 (11): 1028-1037.

[76] Iwashira T. Elasto-plastic effective stress analysis of centrifugal shaking tests of a rockfill dam [C]. Proceeding of the 14th World Conference on Earthquake Engineering，2008.

[77] Kim M K, Lee S H, Choo Y W, et al. Seismic behaviors of earth-core and concrete-faced rock-flll dams by dynamic centrifuge tests [J]. Soil Dynamics and Earthquake Engineering，2011，31：1579-1593.

[78] 王年香，章为民. 混凝土面板堆石坝地震反应离心模型试验 [J]. 水利水运工程学报，2003 (1)：18-22.

[79] 吴俊贤，倪至宽，高汉梀. 土石坝的动态反应：离心机模型试验与数值模拟 [J]. 岩石力学与工程学报，2007，26 (1)：1-13.

[80] 汪明武，Susumu Iai，Testuo Tobita. 液化场地堤坝地震响应动态土工离心试验及模拟 [J]. 水利学报，2008，39 (12)：1346-1352.

[81] 王年香，章为民，顾行文，等. 长河坝动力离心模型试验研究 [J]. 水力发电，2009，35 (5)：67-70.

[82] 程嵩，张建民. 面板堆石坝的动力离心模型试验研究 [J]. 地震工程与工程振动，2011，31 (2)：98-102.

[83] 章为民，王年香，顾行文，等. 土石坝坝顶加固的永久变形机理及其离心模型试验验证 [J]. 水利水运工程学报，2011 (1)：22-27.

[84] Liping Wang, Ga Zhang, Jian-Min Zhang. Centrifuge model tests of geotextile-reinforced soil embankments during an earthquake [J]. Geotextiles and Geomembranes，2011，29 (3)：222-232.

[85] 张雪东，魏迎奇，聂鼎，等. 基于离心机振动台模型试验的面板堆石坝地震响应研究 [J]. 水利学报，2019，50 (05)：589-597.

［86］ 刘庭伟，李俊超，朱斌，等. 小型土石坝加密抗液化离心机振动台试验研究 ［J］. 岩土力学，2020，41（11）：3695-3704.

［87］ 陈生水，钟启明，曹伟. 黏土心墙坝漫顶溃坝过程离心模型试验与数值模拟 ［J］. 水科学进展，2011，22（5）：674-679.

［88］ 冯晓莹，徐泽平. 心墙水力劈裂机理的离心模型试验研究 ［J］. 水利学报，2009，40（10）：1259-1264.

［89］ Yuji Kohgo，Akira Takahashi，Tomokazu Suzuki. Centrifuge model tests of a rockfill dam and simulation using consolidation analysis method ［J］. Soils and Foundations，2010，50（2）：227-244.

［90］ 饶锡保，包承纲. 离心试验技术在土石坝工程中的应用 ［J］. 长江科学院院报，1992，9（2）：21-27.

［91］ 唐剑虹. 土工离心模型试验在高土石坝中的应用 ［J］. 水电站设计，1996，12（1）：80-83.

［92］ 刘麟德，唐剑虹. 铜街子水电站左深槽覆盖层建堆石坝离心模型试验研究 ［J］. 四川水力发电，1987（2）：48-56.

［93］ 刘麟德，唐剑虹. 瀑布沟土石坝体及防渗墙的离心模型试验和数值分析 ［J］. 岩土工程学报，1994，16（2）：38-47.

［94］ 李凤鸣，饶锡保. 高土石坝离心模型试验技术研究 ［J］. 水利学报，1994（4）：23-31.

［95］ 章为民. 瀑布沟坝基防渗墙离心模型试验 ［J］. 岩土工程学报，1997，19（2）：95-107.

［96］ 李国英，沈珠江，吴威. 覆盖层上混凝土面板堆石坝离心模型试验研究 ［J］. 水利水电技术，1997，28（9）：51-54.

［97］ 张延亿，侯瑜京. 甘肃九甸峡水电站混凝土面板堆石坝离心模拟试验研究 ［C］. 第二届全国岩土与工程学术大会论文集，2006.

［98］ 徐泽平，侯瑜京，梁建辉. 深覆盖层上混凝土面板堆石坝的

离心模型试验研究 [J]. 岩土工程学报，2010，32（9）：1323-1328.

[99] 李波，程永辉，程展林. 围堰防渗墙与复合土工膜联接型式离心模型试验研究 [J]. 岩土工程学报，2012，34（11）：2081-2086.

[100] 王年香，章为民，顾行文，等. 高心墙堆石坝地震反应复合模型研究 [J]. 岩土工程学报，2012，34（4）：798-804.

[101] 刘军，李波. 围堰防渗墙与复合土工膜联接型式试验研究 [J]. 岩土力学，2015，36（增1）：531-535.

[102] 冯光愈，刘松涛，饶锡保，等. 三峡深水高土石围堰数值分析与离心模型研究 [J]. 长江科学院院报，1997，14（4）：58-62.

[103] 徐志英. 土石坝和尾矿坝抗震分析的新进展 [J]. 河海大学科技情报，1989，9（3）：28-43.

[104] Monobe N，Takata A，Matumura M. Seismic stability of and earth dam [C]. The 2nd Congress on Large Dams，1936.

[105] Gazetas G. A new dynamic model for earth dams evaluated through case histories [J]. Soils and Foundations，1981，21（1）：67-78.

[106] Dakoulas P，Gazetas G. A class of inhomogeneous shear models for seismic response of dams and embankments [J]. Soil Dynamics and Earthquake Engineering，1985，4（4）：166-182.

[107] Oner M. Shear vibration of inhomogeneous earth dams in rectangular canyons [J]. Soils Dynamics and Earthquake Engineering，1984，3（1）：19-26.

[108] Dakoulas P，Gazetas G. Seismic shear vibration of embankment dams in semi-cylindrical valleys [J]. Earthquake En-

gineering and Structural Dynamics，1986，14（1）：19-40.

[109] 徐志英. V 型河谷内土质堤坝横向振动分析简化法 [J]. 河海大学学报，1994，22（5）：82-86.

[110] 栾茂田，金崇磐，林皋. 非均质堤坝振动特性简化分析 [J]. 大连理工大学学报，1989，29（4）：479-488.

[111] Gazetas G. Longitudinal vibrations of embankment dams [J]. Journal of the Geotechnical Engineering Division，ASCE，1981，107（1）：21-40.

[112] 栾茂田，金崇磐，林皋. 非均质土石坝及地基竖向地震反应简化分析 [J]. 水力发电学报，1990（1）：48-62.

[113] 孔宪京，韩国城，张天明. 土石坝与地基地震反应分析的波动-剪切梁法 [J]. 大连理工大学学报，1994，34（2）：173-179.

[114] Elgamal A W M，Abdel-GhaffarA M，Prevost J H. 2-D elasto-plastic seismic shear response of earth dams：theory [J]. Journal of Engineering Mechanics，ASCE，1987，113（5）：689-701.

[115] Prevost J H，Abdel-Ghaffar A M，Elgamal AW M. Nonlinear hysteretic dynamic response of soil systems [J]. Journal of Engineering Mechanics，ASCE，1987，113（5）：689-701.

[116] Yiagos A N，Prevost J H. Two-phase elasto-plastic seismic response of earth dams：theory [J]. Soil Dynamics and Earthquake Engineering，1991，10（7）：357-370.

[117] 孔宪京，刘君，韩国城，等. 混凝土面板堆石坝地震反应分析的剪切梁法 [J]. 水利学报，2000（7）：55-60.

[118] 徐志英. 估计土坝地震反应的有效应力简化方法 [J]. 地震工程与工程振动，1983，3（4）：93-101.

[119] Towhata I. Seismic wave propagation in elastic soil with

continuous variation of shear Modulus in the vertical direction [J]. Soils and Foundations，1996，36（1）：61-72.

[120] 栾茂田，刘占阁. 成层场地振动特性及地震反应简化解析解的完整形式 [J]. 岩土工程学报，2003，25（6）：747-749.

[121] Clough R W，Chopra A K. Earthquake Stress Analysis in Earth Dams [J]. Journal of the Engineering Mechanics Division，1966，92（2）：197-212.

[122] Duncan J M，Chang C Y. Nonlineat analysis of stress and strain in soils [J]. SMFD，ASCE，1970，96（5）：1629-1653.

[123] Duncan J M. Strength，stress-strain and bulk modulus parameters for finite element analysis of stress and movements in soil masses [R]. Report No. UCB/GT/80-01，University of California，Berkerly，1980.

[124] Domaschuk L，Valiappan P. Nonlinear settlement analysis by finite element [J]. Journal of Geotechnical Division，ASCE，1975，101（7）：601-614.

[125] Naylor D. J. Stress-Strain Laws and Parameter Values. 1991. In：das Neves E. M.（eds）Advances in Rockfill Structures. NATO ASI Series（Series E：Applied Sciences），vol 200. 269-290.

[126] 高莲士，赵红庆，张丙印. 堆石料复杂应力路径试验及非线性 K-G 模型研究 [C]. 国际高土石坝学术研讨会论文集，1993.

[127] 高莲士，汪召华，宋文晶. 非线性解耦 K-G 模型在高面板堆石坝应力变形分析中的应用 [J]. 水利学报，2001（10）：1-7.

[128] Hardin B O，Drnevich V P. Shear modulus and damping in soils：Design equations and curves [J]. Journal of soils me-

chanics and Foundation Division，1972，98（7）：667-692.

[129] Ramberg W，Osgood W R. Description of stress strain curves by three parameters [R]. Technical note 902，National Advisory Committee for Aeronautics，Wangshington D. C.，1943.

[130] 邹德高，周扬，孔宪京，等. 高土石坝加速度响应的三维有限元研究 [J]. 岩土力学，2011（增 1）：655-662.

[131] 潘家军，王观琪，江凌，等. 基于 ABAQUS 的高混凝土面板堆石坝地震反应三维非线性分析 [J]. 水力发电学报，2011，30（6）：80-84.

[132] 李阳，任亮，王瑞骏，等. 基于 ABAQUS 的面板砂砾石坝三维动力有限元分析 [J]. 水资源与水工程学报，2014，25（6）：39-44.

[133] Roscoe K H，Burland J B. On the generalized stress-strain behavior of wetclay [J]. Engineering Plasticity，1968：535-609.

[134] Lade P V. Elasto-plastic stress-strain theory for cohesionless soil with curved yield surfaces [J]. International Journal of Soilds and Structures，1977，13（11）：1019-1035.

[135] 沈珠江. 土体应力-应变分析的一种新模型. 第五届土力学及基础工程学术研讨会论文集 [M]. 北京：中国建筑工业出版社，1990.

[136] 刘致远. 高聚物注浆材料工程特性的试验研究 [D]. 郑州：郑州大学，2007.

[137] 刘勇. 聚氨酯高聚物材料及混凝土常用性能试验研究 [D]. 郑州：郑州大学，2009.

[138] 陈云敏，周燕国，黄博. 利用弯曲元测试砂土剪切模量的国际平行试验 [J]. 岩土工程学报，2006，28（7）：874-880.

[139] 姬美秀，陈云敏，黄博. 弯曲元试验高精度测试土样剪切波速方法 [J]. 岩土工程学报，2003，25（6）：732-736.

[140] Lee J S，SANTAMARINA J C. Bender elements：Per-

formance and signal interpretation [J]. Journal of Geotechnical and Geoenvironmental Engineering, 2005, 131 (9): 1063-1070.

[141] Leong E C, Yeo S H, Rahardjo H. Measuring shear wave velocity using bender elements [J]. Geotechnical Testing Journal, 2005, 28 (5): 488-498.

[142] 陈云敏, 周燕国, 黄博. 利用弯曲元测试砂土剪切模量的国际平行试验 [J]. 岩土工程学报, 2006, 28 (7): 874-880.

[143] Brocanelli D, Rinaldi V. Measurement of low-strain material damping and wave velocity with bender elements in the frequency domain [J]. Canadian Geotechnical Journal, 1998, 35 (6): 1032-1040.

[144] Blewett J, Blewett I J, Woodward P K. Measurement of shear-wave velocity using phase-sensitive detection techniques [J]. Canadian Geotechnical Journal, 1999, 36 (5): 934-939.

[145] Greening P D, Nash D F T. Frequency domain determination of G (0) using bender elements [J]. Geotechnical Testing Journal, 2004, 27 (3): 288-294.

[146] 何曼君, 陈维孝, 董西侠. 高分子物理 [M]. 上海: 复旦大学出版社, 2000.

[147] Kurauchi T, Ohta T. Energy absorption in blends of polycarbonate with ABS and SAN [J]. Journal of Materials Science, 1984, 19 (5): 1699-1709.

[148] 王年香, 章为民. 离心机振动台模型试验的原理和应用 [J]. 水利水电科技进展, 2008, 28 (增刊1): 48-51.

[149] 南京水利科学研究院土工研究所. 土工试验技术手册 [M]. 北京: 人民交通出版社, 2003.

[150] 章为民, 赖忠中, 徐光明. 电液式土工离心机振动台的研制 [J]. 水利水运工程学报, 2002 (1): 63-66.

［151］ Arulanandan K，Anandrajah A，Abghari A．Centrifuge modeling of soil liquefaction susceptibility ［J］．Journal of Geotechnical Engineering，1983，109（3）：281-300.

［152］ 章为民，日下部治．砂性地基地震反应离心模型试验研究 ［J］．岩土工程学报，2001，23（1）：28-31.

［153］ 李德寅，王邦媚，林亚超．结构模型实验 ［M］．北京：科学出版社，1996.

［154］ 胡定，张利民．土工抗震试验与分析 ［M］．成都：成都科技大学出版社，1991.

［155］ 袁勇，黄伟东，禹海涛．地下结构振动台试验模型箱应用现状 ［J］．结构工程师，2014（1）：38-45.

［156］ Whitmanrv，Lambe P C．Effect of boundary conditions upon centrifuge experiments using ground motion simulation ［J］．Geotechnical Testing Journal，ASTM，1986，9（2）：61-71.

［157］ 周燕国，梁甜，李永刚，等．含黏粒砂土场地液化离心机振动台试验研究 ［J］．岩土工程学报，2013（9）：1650-1658.

［158］ Sommerfeld A．Lectures on Theoretical Physics．In the Series Partial Differential Equations in Physics ［M］．Academic Press，New York．1964.

［159］ 杜修力，赵密，王进延．近场波动模拟的人工应力边界条件 ［J］．力学学报，2006，38（1）：49-56.

［160］ 郜新军．地震及列车竖向荷载作用下大跨桥梁动力响应分析研究 ［D］．北京：北京交通大学，2011.

［161］ 李广信．高等土力学 ［M］．北京：清华大学出版社，2004.

［162］ 赵剑明，汪闻韶，常亚屏，等．高面板坝三维真非线性地震反应分析方法及模型试验验证 ［J］．水利学报，2003，34（9）：12-18.

［163］ 王复明，徐建国，李嘉，等．堤坝高聚物防渗墙静力荷载试验与数值分析 ［J］．建筑科学与工程学报，2015，32（2）：27-34.

[164] 徐建国，王复明，钟燕辉，等. 静动力荷载下土石坝高聚物防渗墙受力特性分析 [J]. 岩土工程学报，2012，34（9）：1699-1704.

[165] 陈国兴，谢君斐，张克绪. 土坝震害和抗震分析评述 [J]. 世界地震工程，1994（3）：24-33.

[166] 赵剑明，刘小生，杨玉生，等. 高面板堆石坝抗震安全评价标准与极限抗震能力研究 [J]. 岩土工程学报，2015，37（12）：2254-2261.

[167] Carlos A. An updated survey of GA-based multi-objective optimization techniques [J]. ACM Computing Surveys，2000，32（2）：109-143.

[168] Marker R T，AroraJ S. Survey of multi-objective optimization methods for engineering [J]. Structural and Multidisciplinary Optimization，2004，26（6）：369-395.

[169] Koopm C. Analysis of production as an efficient combination of activities [R]. John Wiley and Sons，1951：33-97.

[170] Kuhn H W，Tueker A W. Nonlinear programming [C]. Proceedings of the Second Berkeley Symposium on Mathematical Statistical and Probability，1951.

[171] Zadeh L A. Optimality and nonscalar-valued performance criteria [J]. IEEE Transaction on Automatic Control，1963，8（1）：59-60.

[172] Geofrion A M. Proper efficiency and the theory of vector optimization [J]. Journal of Mathematical Analysis and Application，1968，（41）：491-502.

[173] 杜志明，范军政. 安全系数研究与应用进展 [J]. 中国安全科学学报，2004，14（6）：6-10.

[174] 郑州大学等. DB41/T 712—2011 高聚物防渗墙技术规范 [S]. 河南省质量技术监督局发布，2012.